L'HOMME,
CE SINGE
EN MOSAÏQUE

GEORGES CHAPOUTHIER

L'HOMME, CE SINGE EN MOSAÏQUE

Préface de Patrick Blandin

PRÉFACE

Georges Chapouthier défend une thèse personnelle. Forte. Définissant un principe général qui sous-tendrait toute l'évolution, de la matière inerte, de la vie, de l'esprit, cette thèse veut fonder « les bases naturelles de l'éthique ». Forte ambition.

Entre le hasard et la nécessité, Georges Chapouthier choisit la seconde : à l'opposé de Jacques Monod, il nous dit que « l'univers est gros de la vie » parce que certaines propriétés de la matière en préparent inéluctablement l'émergence, et non simplement parce que l'improbable serait quasiment certain dans l'immensité de l'univers. Et parce que cette émergence résulte d'un processus nécessaire conduisant du moins complexe au plus complexe, l'homme, avec son cerveau, en est un aboutissement momentané. Son esprit, rationnel parce que façonné par la confrontation aux lois de la physique, de la chimie et du vivant, prolonge par son évolution l'évolution du monde. Il ne peut être en cohérence avec celle-ci que s'il construit une éthique respectueuse de la diversité, de l'altérité.

Admettons que l'on n'admette pas la thèse. Il n'en est pas moins passionnant de suivre la démarche de l'auteur. En effet, Georges Chapouthier explore, avec un regard renouvelé, nombre de problèmes récurrents en philosophie de la biologie. Le hasard, ou la nécessité ? Le problème de la finalité n'est-il qu'un faux problème ? Peut-on parler de spécificité du vivant ? L'homme n'est-il qu'un animal ?

Il est toujours aventureux de prendre position dans le débat qui oppose thuriféraires du hasard et prosélytes de la nécessité, car les uns comme les autres s'y manifestent davantage comme idéologues têtus que comme savants auxquels sied la modestie. Tout référer au hasard, c'est souvent se débarrasser de Dieu. S'incliner devant la nécessité, c'est souvent fourbir le trône divin. Ce que refuse Georges Chapouthier, tout en affirmant que le processus évolutif est une conséquence des propriétés de la matière, en particulier de celles des atomes de carbone, qui rendent obligée la construction de structures de plus en plus complexes. Il y a là l'idée d'un déterminisme intrinsèque, agissant au cœur de l'univers, mais dont l'auteur reconnaît qu'il laisse un rôle à jouer au hasard, et non des moindres : l'évolution, sur la planète Terre, était nécessaire, mais ses résultats auraient pu être autres. Donc, l'évolution de la vie n'est pas dirigée vers un aboutissement particulier – l'homme, par exemple : elle produit, à différents niveaux d'intégration, des structures aux caractéristiques prévisibles, mais qui se concrétisent, au gré des circonstances, en des êtres divers. Georges Chapouthier, nourrissant aussi sa réflexion des spéculations de la science-fiction, rejoint là François Jacob et Stephen J. Gould : l'évolution serait explicable, *a posteriori*, parce que déterminée par enchaînements, mais non prédictible, parce que influencée, dans son déroulement, par de multiples aléas. Alors, la question de la finalité serait une question mal posée, sauf à dire, ce que risque l'auteur, que la construction produit la finalité.

Si la vie n'est point l'objectif d'un processus finalisé, elle est le produit d'une construction nécessaire dont les règles fondamentales seraient inscrites dans l'intime de la matière. Or, il faut bien admettre que la vie, au regard des lois de la thermodynamique classique, semble paradoxale. Georges Chapouthier va jusqu'à dire que le propre de la vie, c'est un combat furtif contre les lois générales du monde. Voilà le paradoxe pris à bras-le-corps : déterminée par des propriétés intrinsèques de l'univers, la vie aurait pour caractère de n'exister qu'en s'en démarquant. Ici encore, l'auteur ne manque pas d'esprit d'aventure. Il aurait donc pu faire de l'homme l'expression la plus ostentatoire du paradoxe de la vie. Tentant, mais trop facile. Georges Chapouthier préfère d'autres chemins, aux croisées desquels il sera aussi bien question de l'organisation fondamentale du cerveau, de la multiplicité des formes de la mémoire, que de la poésie ou de la liberté.

Réticulée, l'argumentation n'en est pas moins tramée par une assertion assurée : il y a continuité entre l'animal et l'homme, du point de vue de l'intelligence aussi. L'homme, matière et esprit, s'inscrit dans un continuum : il n'est qu'un produit, complexe et explicable, du processus évolutif. S'il semble se démarquer, lui aussi, des lois générales du monde, par exemple par sa créativité artistique, ce n'est donc là qu'apparence. Georges Chapouthier écrit : « L'idée centrale de cet ouvrage, c'est qu'il existe une sorte de parallélisme ou d'isomorphisme entre l'opposition (apparente) de la vie aux lois de l'univers étoilé et l'opposition (apparente) de l'imaginaire humain aux mêmes lois. » Idée centrale en effet, que le philosophe se devra de critiquer. Mais accompagnons l'auteur. Ce qui suppose d'accepter aussi une autre idée.

Georges Chapouthier avance que l'évolution du vivant se réalise par un processus fondamental : toute nouvelle structure se constitue par juxtaposition d'entités plus simples, susceptibles d'intégration, c'est-à-dire de différenciation fonctionnelle coordonnée. Par l'intégration d'unités de base en entités manifestant autonomie et autorégulation, l'évolution donnerait aux structures vivantes « un accès progressivement croissant à un autre ordre des choses ». L'auteur semble dire par là que le fonctionnement intégré des êtres vivants les place dans le cadre de lois distinctes des lois de l'univers physique, et que les possibilités d'imagination de l'homme sont à interpréter dans ce cadre, en tant que propriétés liées au niveau d'évolution hautement complexe de l'animal humain. Pour entrer véritablement dans cette phase importante de l'argumentation de l'auteur, il faut explorer aussi ses pages sur les rapports entre rationalité et irrationalité. Par éclairages croisés, l'on découvre ainsi, progressivement, ce vers quoi Georges Chapouthier veut conduire le lecteur : la morale définirait la façon dont l'homme peut assurer au mieux la capacité d'évolution de la vie et la sienne propre. Car la question clé de l'ouvrage est peut-être celle-ci, au détour d'une page : « En s'appuyant sur son intelligence et sa technique, l'homme peut-il, à sa manière, poursuivre le chemin évolutif dans une direction plus morale ? »

Oui, plaide Georges Chapouthier, en préconisant le respect de la diversité du monde, le respect de l'animalité, et le respect de l'altérité. Admettons que l'on admette cette thèse. Reste que la construction de l'argument mérite analyse critique. Chercher dans la compréhension des lois du monde des indications pouvant guider l'attitude morale : telle est la démarche. Et voici la loi fondatrice, énoncée trop discrètement peut-être : l'évolution est porteuse d'altérité, parce que le vivant est variable ; parce qu'il est, à tout niveau d'intégration, en mosaïque imparfaite, parce qu'il est porteur de multiples possibles. Une loi. Puis un constat. L'homme est le fruit de cette loi, y compris dans ce qui semble l'éloigner le plus de l'animalité, mais n'en est justement que le prolongement évolutif : l'imaginaire. Ici se noue sans doute la dialectique de la nécessité et de la contingence, du déterminisme et de la liberté : Georges Chapouthier ne va-t-il pas jusqu'à affirmer que la « mosaïcité » – concept auquel il confère une très large acception – est un état nécessaire à l'exercice de la liberté ? On peut voir là un « naturalisme global » que l'auteur ne récuse pas, voire revendique. Ne va-t-il pas jusqu'à écrire : « L'art serait, dans le cadre de la pensée, la continuation de l'évolution biologique », en avançant que « la vie comme l'art donnent une illusion de refus des lois du monde, une apparence de révolte face au destin inéluctable qui est le cours des choses ». Excessif ? Rapprochement n'est pas démonstration, certes. Encore une fois, Georges Chapouthier ne cherche pas à prouver mais, riche de l'expérience d'un chercheur qui s'est, par exemple, confronté au difficile problème de la mémoire, riche d'une recherche philosophique sur les droits de l'animal, il propose une synthèse stimulante des réflexions nées tout au long d'un cheminement intellectuel original. Synthèse qui est aussi un témoignage à méditer de la quête sans fin de l'homme, animé par l'espoir de trouver dans la nature un miroir lui disant qui il est.

Patrick BLANDIN,
Directeur de la Grande Galerie de l'Évolution,
Muséum national d'histoire naturelle

AVANT-PROPOS

Une réflexion philosophique qui s'appuie sur des données scientifiques court toujours le risque de laisser croire qu'elle possède l'objectivité de la science. Je ne voudrais pas tomber dans ce travers. Si je crois que, pour élaborer des thèses, philosophiques ou morales, on peut (et doit) s'appuyer sur des connaissances scientifiques, en l'occurrence biologiques, je n'ai pas la naïveté de penser que ce naturalisme puisse répondre à toutes nos interrogations. Mais il peut guider la raison vers des options « raisonnables ». Contrairement à ceux qui pensent que la philosophie peut apporter des certitudes, à la manière du *cogito* cartésien, je pense, quant à moi, que la philosophie n'est pas du domaine de la certitude, mais seulement de celui de la plausibilité. Je rejoins, par là même, la mise en garde de François Jacob sur les dangers du dogmatisme en science (Jacob, 1991) : « Rien n'est aussi dangereux que la certitude d'avoir raison » (p. 12). Et si des auteurs comme Lewontin, Rose et Kamin (Lewontin, Rose et Kamin, 1985) ont déploré que « dans la société occidentale contemporaine, la science comme institution [ait] fini par recevoir l'autorité qui jadis était celle de l'Église » (p. 52), je ne souhaite en aucun cas m'inspirer d'un tel modèle scientifique absolutiste dans les pages qui vont suivre.

En outre, et on en verra des exemples dans le courant de cet essai, les connaissances scientifiques elles-mêmes ne sont pas des vérités intangibles. Elles sont susceptibles d'évoluer et, dans beaucoup de cas de s'améliorer : on pourra alors parler de progrès scientifique. Qui plus est, il est des domaines où les connaissances scientifiques sont encore dans l'enfance : ainsi des controverses persistent entre scientifiques sur des thèmes aussi importants que l'évolution thermodynamique du monde ou l'origine de la vie. Dans le cas de l'évolution thermodynamique du monde, certains pensent que le monde va, lentement mais sûrement, vers une sorte de chaos final ; d'autres pensent que l'univers est un éternel recommencement et qu'un désordre de ses composants sera nécessairement suivi par un retour de l'ordre, qu'un éloignement des éléments, étoiles et galaxies, sera nécessairement suivi par un rapprochement. Quant à l'origine de la vie sur Terre, dont on dira quelques mots plus loin en défendant une origine locale, donc terrestre, certains auteurs ont été jusqu'à proposer une origine cosmique, et donc extraterrestre. On pourrait multiplier les exemples.

Le penseur, qui n'a à sa disposition que des données scientifiques fragmentaires, ne peut qu'effectuer des raisonnements partiels et partiaux. Sa démarche, dialectique en ce sens qu'elle n'est que partiellement déterminée par ses prémisses, comprend nécessairement une part d'hypothèse et une (large) marge d'erreur. D'autant plus qu'à côté des faits, qui peuvent être mal connus ou lacunaires, s'ouvre le domaine souvent encore plus ambigu des interprétations. Comme le remarque Debru, dans son analyse de l'inconnu en biologie (Debru, 1998) : « Un même fait est susceptible d'interprétations parfois très différentes, voire opposées » (p. 435), ce qui ne simplifie ni la tâche du scientifique, ni celle de l'épistémologue.

Il ne me semble en revanche pas légitime, du fait même de ces risques, de renoncer à réfléchir sur les conséquences philosophiques des connaissances. C'est l'un des privilèges de l'homme de pouvoir élaborer des réflexions sur le monde qui l'entoure. Mais, de la même manière que la plus jolie fille ne peut offrir que ce qu'elle a, le penseur ne peut échafauder des thèses sur le monde ou proposer des normes morales qu'à partir de ce qu'il possède : les données actuelles de la science et l'usage de sa raison.

C'est ce que j'ai tenté de faire en formulant, à partir de réflexions scientifiques, des hypothèses qui cherchent à définir notre espèce et à soumettre aux hommes certaines suggestions éthiques. M'adressant à tous, j'ai tenté de simplifier les concepts les plus ardus, comme ceux de thermodynamique, pour les rendre compréhensibles, au risque d'en gauchir la signification. Les puristes voudront bien me pardonner ces libertés didactiques.

Il m'est agréable de remercier tous ceux qui, d'une manière ou d'une autre, ont permis l'amélioration de cet ouvrage, notamment Hervé Barreau, Patrick Blandin, Bernadette et Rémy Chauvin, Élisabeth de Fontenay, Dominique Folscheid, Yves Galifret, Gabriel Gohau, Madeleine Jannoray, Gérard Jorland, Roland Jouvent, Michel Kreutzer, Ève Lepicard, Véronique Leroux-Hugon, Jean-Jacques Matras, Jean-Claude Nouët, Alain Policar, David Rudrauf, Jacques Tonnelat et Patrice Venault.

INTRODUCTION

L'homme et l'évolution

Qu'est-ce qu'un homme ? Comment faut-il concevoir ou définir notre espèce, pour le meilleur de ce qu'elle accomplit et le pire de ce qu'elle commet, dans cette petite bourgade de l'espace appelée « Terre », localisée quelque part entre Vénus et Mars ? Des définitions multiples peuvent être données de cet être compliqué que nous sommes. Certaines se complètent, d'autres s'opposent, tant il est vrai que les facettes de l'homme sont diverses. Mais il est sans doute des aspects plus spécifiquement liés aux origines de notre espèce. En s'appuyant sur les ancêtres de l'homme, on peut sans doute comprendre et décrire une part importante de son être.

L'objet de cet essai n'est pas de reprendre en détail tout ce qui a été dit sur l'évolution de l'homme sur le plan préhistorique (De Lumley, 1998) (Cohen, 1998) (Coppens, 1999) (Delsol et Flatin, 1995). Dans l'évolution anatomique et culturelle qui a mené un cousin des singes jusqu'à nous, ce n'est pas le détail précis qui importe ici. Une fois admis que l'homme descend d'un primate ancestral et qu'il est le cousin des singes, le détail de l'évolution, pour important qu'il soit aux yeux des anatomistes ou des physiologistes, n'entraîne pas de conséquence majeure pour la quête poursuivie dans cet essai. L'objet de cette quête en effet, une définition philosophique de l'homme, est beaucoup plus vaste. Il consiste à se demander si de ses origines, lointaines dans le monde minéral, plus récentes dans le monde vivant, l'homme conserve des caractéristiques qui permettraient de définir son mode d'être. Je fais donc mienne la remarque de Larmat (Larmat, 1980) : « On ne peut comprendre l'homme sans tenir compte de ses origines, sans le considérer comme le produit d'une évolution biologique, à laquelle s'est surajoutée ensuite une évolution socioculturelle » (p. 19). Il faudrait encore ajouter, en amont, une évolution minérale, ou cosmique. L'une des idées qui sous-tend mon propos est donc analogique : il y a peut-être, dans le fonctionnement du monde, des propriétés constantes dont l'homme serait l'héritier parce qu'il est un système matériel et parce qu'il est un système vivant. De même que l'on se plaît à reconnaître, sur le visage de l'enfant, les traits de ses ascendants, peut-on reconnaître chez l'homme des traits qui témoigneraient de ses parents minéraux et organiques ? Plus précisément, peut-on trouver des analogies dans le fonctionnement du monde et celui de l'homme ?

Qu'il soit clair qu'un tel discours, résolument naturaliste, ne prétend évidemment pas à l'exhaustivité, qu'il ne vise à saisir que *certaines* des composantes de ce qui fait un homme, que l'auteur du présent essai laisse volontiers la parole à la cohorte des anthropologues, paléontologistes, généticiens, historiens, moralistes, métaphysiciens ou poètes qui, tous, à leur manière et avec leurs mots propres, ont quelque chose d'autre ou de pertinent à dire sur ce qui fait notre espèce.

Qu'il soit notamment tout aussi clair, qu'un essai d'analyse de ses racines naturelles *ne doit pas* conduire à penser que l'homme *se réduit* à ses racines naturelles : souvent les travaux d'inspiration naturaliste ou biologiste, conduisent à ne voir dans l'homme qu'un animal, rigoureusement programmé par ses gènes, et dépourvu de toute adaptabilité comme de toute liberté. C'est un excès dans lequel sont tombés beaucoup de philosophies naturalistes, dont l'une des variantes les plus récentes est ce qu'on a appelé la « sociobiologie » (Veuille, 1986). Mais Jaisson (Jaisson, 1993) a eu raison de faire remarquer que la sociobiologie elle-même ne conduit pas nécessairement à de telles dérives et que l'on peut parfaitement analyser l'animal social dans l'homme sans dire que l'homme n'est *que* cela. Pour ne pas tomber dans le travers de tels excès du naturalisme, je consacrerai plus loin, dans les considérations sur le cerveau de l'homme, un paragraphe visant à montrer qu'il est malléable et adaptable, qu'il peut dès lors posséder, au-delà de ses déterminations naturelles, des capacités acquises, qui constituent une large part de sa spécificité et de son être propre.

Ce débat recoupe celui sur l'inné et l'acquis (Matras & Chapouthier, 1981), ou encore celui sur la nature et la culture, qui est, à mon avis, un faux débat. Les aptitudes humaines sont à la fois innées et acquises (on connaît la boutade selon laquelle il y a, dans l'homme, à la fois 100 % d'inné et 100 % d'acquis). L'homme doit beaucoup à sa nature comme à sa culture. On reviendra plus loin sur ces deux notions. Et il paraît tout aussi absurde de défendre une position naturaliste extrême qui voudrait renier son artificialité et son humanité, qu'une position humaniste extrême qui voudrait renier sa naturalité et son animalité.

Dans cet essai, je décrirai le statut de l'homme en trois temps. Dans un premier temps, je décrirai brièvement ce que l'on peut savoir de la naissance de ses ancêtres, les premiers êtres vivants et quels « cadeaux » cette naissance apporte à l'animal, notre aïeul et notre cousin, donc à l'homme.

Dans un deuxième temps, un raccourci vertigineux nous fera instantanément passer du début au terme actuel de l'évolution des espèces, pour nous pencher sur ce qui paraît être une des caractéristiques essentielles de l'homme : son cerveau, plus complexe que celui de ses plus proches parents et que, d'une manière volontairement humoristique, j'appellerai son « puissant » cerveau. Sur le plan de la taille, si le cerveau de notre espèce est volumineux, ce n'est en effet pas sa caractéristique essentielle, d'autant que proportionnellement à leur taille, des mammifères plus petits auraient alors un plus gros cerveau. En revanche, les opérations mentales que l'homme est capable d'effectuer à l'aide de son cerveau démontrent une puissance de traitement assez phénoménale.

Parler ici de cerveau suppose une remarque destinée à satisfaire les scientifiques. Le mot « cerveau » n'a pas en effet le même sens pour le scientifique spécialiste et pour les autres. Pour tout un chacun, le cerveau est ce qui est contenu dans la tête, ce que le scientifique appelle quant à lui, l'encéphale. L'encéphale, qui correspond donc à ce qu'on appelle, au sens usuel, le « cerveau », comprend un certain nombre d'étages (tronc cérébral, cervelet, hémisphères cérébraux), tous contenus dans la boîte crânienne. C'est, en gros, aux seuls hémisphères cérébraux que le scientifique réserve le terme « cerveau », donc à une partie seulement de ce que contient le crâne. Pour rester aisément compréhensible, j'utiliserai le mot « cerveau » dans son acception populaire, non scientifique. Cela dit, comme l'essentiel des réflexions de cet ouvrage porte sur les parties les plus élevées du cerveau, celles qui se situent dans les hémisphères cérébraux, elles ont trait au cerveau aussi bien dans l'acception scientifique que dans l'acception populaire. Il importait certes de mentionner cette différence d'acceptions pour ne pas heurter la grande sensibilité des spécialistes, mais il faut reconnaître qu'elle reste d'un intérêt marginal pour notre propos.

Parmi les nombreux caractères de ce puissant cerveau, qui explique une large part des capacités de l'être humain, j'analyserai plus particulièrement son aspect anatomique et certaines de ses fonctions essentielles comme la mémoire. Je tenterai d'y débusquer des caractères que l'homme pourrait devoir à ses ancêtres plus ou moins lointains et je montrerai comment ce puissant cerveau permet aussi à l'homme un accès au monde de l'artificiel, de la culture, d'une manière qui lui est propre.

En ce qui concerne enfin le comportement de l'homme, j'essaierai dans un troisième temps de montrer comment tout ce qu'il doit à ses ancêtres permet sans doute de faire quelques suggestions dans un domaine clé de ce comportement, un domaine qui lui est propre et dont l'importance pratique n'a pas besoin d'être soulignée, celui de la morale.

Qu'est-ce qu'une structure biologique ?

Dans tout ce qui va suivre, on va beaucoup parler de complexité et de structures. Il paraît donc utile de nous pencher, pour commencer, sur ce concept même de structure (Blandin et Chapouthier, 1970) (Matras et Chapouthier, 1981).

Avec P. Blandin, nous avons emprunté au structuralisme (Piaget, 1979) les trois catégories qui permettent de décrire une structure : la totalité, les transformations et l'autoréglage. Une structure possède d'abord une propriété de totalité, autrement dit elle se distingue de son environnement et peut maintenir une certaine autonomie, une certaine permanence temporelle, au moins transitoirement, si je puis me permettre ce rapprochement hardi entre permanence et transitoire. Les structures matérielles que sont, parmi d'autres, les structures vivantes, se distinguent de l'environnement par une frontière, une interface, assurant néanmoins les interactions entre la structure et l'environnement. L'importance de telles surfaces d'échange, qui permettent des interactions entre des phénomènes extérieurs à la structure et des modifications internes, a été soulignée, sur le plan philosophique, par Dagognet (Dagognet, 1982). La totalité caractérise le fait que la structure a un fonctionnement interne qui lui est propre. Les interfaces qui en tracent les bornes et la séparent du reste du monde sont donc les garants de cette totalité, puisqu'elles interdisent au fonctionnement interne de sortir de la structure. Au sein de la structure, des lois d'organisation ou de fonctionnement existent ; ce sont ce qu'on appelle les « transformations ». Grâce à elles, la structure conserve, pendant toute la durée de son existence, une spécificité d'organisation ou de fonction. Enfin, l'autoréglage des transformations fait en sorte qu'elles n'engendrent que des éléments appartenant à la structure, garantissant donc l'autonomie de celle-ci. Dans le cas particulier des structures vivantes, les limites de la totalité sont en général assurées par des membranes ; les transformations sont les innombrables réactions chimiques qui, depuis le métabolisme cellulaire jusqu'aux hormones et aux phéromones, assurent le fonctionnement de la vie ; l'autoréglage s'effectue par un jeu d'actions et de rétroactions cybernétiques (gènes de régulation, rétroactions hormonales, etc.) qui maintiennent tous ces phénomènes chimiques dans des limites compatibles avec la vie.

Cette conception des structures de la vie peut être rapprochée de celle des unités vivantes telles qu'elles sont définies par des théoriciens de la cognition comme Francisco Varela (Varela, 1989). Pour celui-ci, ce qui caractérise les unités vivantes, c'est leur capacité à affirmer leur identité et leur autonomie. « Elles apparaissent comme des entités autonomes, dotées d'une étonnante diversité et de la capacité à se reproduire » (p. 37). J'insisterai plus loin sur ces propriétés de diversité et de reproduction. Quant à l'autonomie des entités vivantes, Varela la rattache à un concept qui lui est cher, celui d'« autopoïèse ». Selon lui, « un système autopoïétique est organisé comme un réseau de processus de production de composants qui (a) régénèrent continuellement par leurs transformations et leurs interactions le réseau qui les a produits, et qui, (b) constituent le système en tant qu'unité concrète dans l'espace où il existe ... » (p. 45). En outre « tout système autonome est opérationnellement clos » (p. 85). On retrouve donc, sous d'autres termes, chez ce philosophe qui se réclame de la phénoménologie, les idées qui viennent d'être développées de totalité, de transformations et d'autoréglage.

L'interaction des structures entre elles

Comme je l'ai évoqué plus haut, la permanence temporelle de la structure n'est que provisoire, ce qui veut dire que la structure évolue pour se transformer elle-même. Dans beaucoup de cas, cette évolution amène la naissance d'une structure d'organisation proche de la précédente. Mais il est des cas où une structure se transforme en une structure d'organisation très différente : on parlera alors de « métamorphose ». L'exemple le plus célèbre en est la chenille qui se transforme en papillon. Cette évolution des structures dérive des interactions que, par les surfaces, elle entretient avec son environnement et qui comprennent essentiellement des échanges d'énergie et d'information (Matras et Chapouthier, 1981).

Certains auteurs (Brillouin, 1959) (Atlan, 1971) avaient voulu relier entre eux ces deux concepts et montrer que l'information pouvait être décrite par un paramètre thermodynamique, dérivé de la description de l'énergie, la « néguentropie ». L'entropie est une valeur thermodynamique qui caractérise, d'une certaine manière, le désordre d'un système matériel. Un système isolé tend vers une entropie maximale. On peut envisager d'utiliser le terme, avec une grande prudence, dans d'autres circonstances que la description thermodynamique pure et ailleurs que dans les systèmes isolés, mais, comme le fait remarquer

Bricmont (Bricmont, 1995), il ne faut pas pour autant se lancer dans une sorte de mystique de l'entropie, qui conduirait à abuser du terme, au point où il en perdrait tout sens. Or c'est justement ce que font la plupart des auteurs à propos de la néguentropie. La néguentropie serait la valeur opposée à l'entropie et elle définirait l'ordre d'un système. Il y aurait une sorte d'identité entre néguentropie, ordre et information. Théorie particulièrement séduisante, parce qu'elle peut s'appliquer à des disciplines variées comme la biologie et l'informatique, en leur donnant, de surcroît, la caution de la thermodynamique, mais théorie fausse. Avec Matras, nous avions montré, par des développements thermodynamiques qui n'ont pas leur place ici, la vanité (et l'inexactitude) de cette entreprise (Matras et Chapouthier, 1984) (Matras et Chapouthier, 1986).

Un premier malentendu était l'identification abusive de l'entropie au désordre. Car si le désordre peut, dans certains (rares) cas comme celui de la théorie des gaz, se définir rigoureusement par une analyse statistique de particules, rien ne permet de dire ce que serait le désordre à l'échelle de l'univers ; rien ne permet d'affirmer que tel système stellaire, ou plus généralement matériel, est plus ordonné ou plus désordonné qu'un autre. La notion d'ordre ne peut, dans la majorité des cas, bénéficier d'une définition mathématique précise.

Un deuxième malentendu était l'identification de la néguentropie à l'information. La « quantité d'information » est un terme très précis qui a été utilisé par Shannon dans l'analyse objective de la transmission des messages. Cette grandeur n'a donc qu'un sens limité à cette utilisation et, en aucun cas, le sens général de l'information que l'on utilise dans le grand public, comme dans les sciences humaines ou biologiques, et qui est synonyme de « morceau de connaissance ». Il aurait sans doute été préférable que Shannon utilise un autre terme que celui de « quantité d'information ». Cela aurait évité les spéculations comme celles de Brillouin, qui a voulu généraliser les résultats chiffrés de Shannon à des acceptions très larges, donc non définies rigoureusement, du concept d'information. Remarquant une analogie formelle entre la formule de Shannon, qui donne une quantité d'information par symbole dans un message, et la formule de Boltzmann qui définit l'entropie en thermodynamique, Brillouin a proposé leur équivalence : il y aurait équivalence entre « information », terme astucieusement utilisé en remplacement de « quantité d'information par symbole dans un message » et néguentropie au sens thermodynamique du terme. Comme nous l'avons montré, cette équivalence n'est pas correcte. Si la quantité d'information pourrait, à la rigueur, faire l'objet de développements dans la lignée des thèses de Shannon, il n'en est rien en ce qui concerne l'information en général, au sens qualitatif qu'a pris ce terme de nos jours. Comme le remarque justement Philippe Boulanger (Boulanger, 1998) « la *qualité* de l'information est moins bien étudiée » (p. 229). Ce fait rend complètement erronée l'équivalence proposée par Brillouin entre information et néguentropie.

On peut donc conclure, comme nous l'avions fait que « l'identification, qu'on rencontre encore dans nombre d'ouvrages de biologie, entre néguentropie, information et ordre, ne résiste pas à l'analyse scientifique (Matras et Chapouthier, 1984) (p. 151). Il faut, en tous les cas, séparer conceptuellement les échanges énergétiques des structures vivantes avec leur environnement, qui peuvent, dans certaines conditions, être reliés à l'entropie, et les échanges d'information, qui sont d'une autre nature.

Par ailleurs, l'évolution des structures grâce à ces échanges avec l'environnement, grâce à ce « dialogue permanent d'énergie et d'information » avec le milieu est une des caractéristiques de la vie. Comme les apports d'énergie et d'information fournis par la structure au milieu peuvent également, en sens inverse, avoir une action sur l'environnement, j'avais proposé d'utiliser à leur propos le terme de dialectique (Chapouthier, 1978a). C'est cette dialectique qui permet, dans l'état actuel des choses, d'opposer les êtres vivants à des structures complexes créées par l'homme, comme les ordinateurs, qui sont, eux aussi, capables d'échanger des informations, mais dans des conditions beaucoup plus limitées. Les ordinateurs ne peuvent en effet échanger que dans les limites très précises de leurs programmes (Chapouthier, 1978b) (Chapouthier, 1979). Ils ne bénéficient pas de ce dialogue incessant avec l'environnement qui induit l'évolution des structures de la vie.

On pourrait évidemment imaginer des ordinateurs d'un autre genre qui se promèneraient dans la nature et dialogueraient en permanence avec le monde, mais de tels robots qui mimeraient les animaux et l'homme (et qui restent peu envisageables techniquement de nos jours !) ne sauraient être, comme l'a remarqué le philosophe Jacques Bouveresse (Bouveresse, 1970), conçus comme des machines. Fonctionnant comme des êtres vivants, capables sans doute d'une forme de pensée (on discutera plus loin le problème de la pensée animale), de telles machines auraient un statut comparable à celui des organismes vivants. Comme le dit Bouveresse : « Il ne faut pas perdre de vue que ni le concept de pensée, ni même celui de machine ne sont des concepts aux contours bien définis » (p. 994). Un tel caractère flou des concepts utilisés fait que des machines qui se comporteraient largement comme des organismes perdraient sans doute leur statut de machine pour se rapprocher de celui d'organisme.

En outre, comme ces entités seraient conçues à l'image de la vie, et probablement avec des matériaux biologiques, la question de la réalisation de telles machines, avec les réserves qui viennent d'être formulées sur le terme lui-même, n'est, à mon avis, pas dissociable de celle de la fabrication artificielle d'organismes vivants, de la création *de novo* par l'homme de végétaux ou d'animaux de synthèse. Il n'est certes pas interdit de se poser une telle question, même si elle reste pour l'instant du domaine de la science-fiction. D'autres scientifiques l'ont d'ailleurs déjà posée. Je citerai par exemple Prochiantz (Prochiantz, 1993) : « Il n'est [...] pas impossible que les découvertes récentes [...] donnent à l'espèce humaine la possibilité de créer de nouvelles races et même de nouvelles espèces » (p. 68). Un peu plus tard, Prochiantz ajoute que, plutôt que d'espèces nouvelles, il vaudrait mieux parler de « nouvelles formes animales » (p. 117), terme qui a l'avantage de ne pas inférer l'action (évidemment inconnue) que ces nouvelles formes pourraient avoir sur l'évolution ultérieure des espèces qui peuplent la planète, si tant est qu'elles étaient libérées par l'homme dans l'environnement. Prochiantz fait justement remarquer que cette création d'organismes vivants *de novo*, qui reste, encore aujourd'hui, du domaine de l'anticipation, ne ferait qu'étendre à une création au niveau de la chimie des gènes, à une action directe sur les molécules qui portent l'hérédité, ce que font depuis fort longtemps de façon indirecte « les jardiniers et les éleveurs, par des méthodes de sélection génétique, même sans le savoir » (p. 68). En d'autres termes, en matière de mécano génétique, les jardiniers et les éleveurs étaient les Monsieur Jourdain de la création d'organismes !

Chapitre premier

L'ÉVOLUTION DU MONDE :
UN DÉTERMINISME FINALISÉ
PAR SA CONSTRUCTION

> *… Dieu lui-même ne jouait pas aux dés. Du haut de ses bureaux de lumière qui dominaient de très loin le casino de l'histoire, il se contentait de surveiller la partie.*
>
> Jean d'ORMESSON

L'évolution de la matière inerte

Un large consensus se dégage aujourd'hui parmi les physiciens (même si quelques voix discordantes se font entendre) sur un modèle de l'origine du cosmos. Il s'agit de ce que l'on a appelé le *modèle standard du Big Bang*. Très schématiquement, ce modèle se fonde sur l'observation que les galaxies s'éloignent les unes des autres et donc que l'univers observable est en expansion. En inversant ce mouvement et en extrapolant l'origine, on est conduit à postuler l'existence, il y a environ 15 milliards d'années, d'un état ponctuel, la « singularité cosmique », où densité et température étaient virtuellement infinies (Reeves, 1981). Par refroidissement-dilution depuis l'éclatement originel (appelé « Big Bang »), cet état originel aurait donné notre univers actuel. Remarquons donc tout de suite que, selon ce modèle, la formation de l'univers est conçue comme soumise à une séquence temporelle précise. Les principaux stades de cette séquence auraient été : l'individualisation de particules et d'antiparticules, le triomphe des particules (matière) sur les antiparticules (antimatière), la formation des atomes légers, la condensation de ces atomes pour former des étoiles où la température s'élève et où se forment les atomes lourds, enfin l'interaction de ces atomes pour former des molécules (Reeves, 1981).

Parmi les atomes, celui du carbone offre des particularités remarquables que les chimistes n'ont pas manqué de souligner. Il possède ce qu'on appelle quatre « valences », c'est-à-dire quatre possibilités de liaison par atome, alors que la plupart des autres atomes en ont moins. Qui plus est, véritable atome adhésif, le carbone peut se lier avec presque tous les autres atomes pour constituer des édifices moléculaires extrêmement complexes et variés, dont il est, en quelque sorte, le ciment. Il s'ensuit donc des possibilités de combinaisons infinies dans ce « mécano moléculaire », qui crée des molécules beaucoup plus complexes que les molécules minérales, les molécules organiques, et ce dans les banlieues un peu moins chaudes des étoiles, car ces molécules organiques restent fragiles et sensibles aux chaleurs élevées. Nous verrons plus loin les conditions d'apparition de ces molécules et leur devenir.

Retenons pour l'instant cette remarque essentielle

que, si l'on s'appuie sur le modèle dit « standard » du Big Bang, l'évolution initiale de l'univers, celle qui va de l'explosion originelle à la constitution de la matière inerte, apparaît comme *séquencée vers une complexité progressive*.

*L'évolution prébiotique et l'origine
des êtres vivants*

On s'accorde aujourd'hui à considérer que le passage de la matière inerte aux êtres vivants s'est effectué, sur Terre, en une série de paliers successifs (De Rosnay, 1966). C'est ce qu'on appelle l'« évolution prébiotique » qui aboutit à l'apparition des molécules organiques. Les principaux paliers (De Rosnay, 1966) peuvent être résumés ainsi :

a) *Formation de biomonomères*, c'est-à-dire de molécules pas trop complexes, de quelques dizaines d'atomes, comme les acides aminés ou les nucléotides, qui permettront l'édification de molécules plus complexes, comme des briques permettent la construction d'un mur.

b) *Formation des biopolymères*, c'est-à-dire justement ces molécules organiques plus complexes évoquées plus haut, ces édifices moléculaires plus gros (quelques centaines, voire des milliers d'atomes) édifiés à l'aide des atomes de carbone. Les acides aminés, en s'assemblant, constituent ce qu'on appelle des « protéines » ; les nucléotides, en s'assemblant, constituent ce qu'on appelle des « acides nucléiques ».

c) *Prémétabolisme*, c'est-à-dire ensemble des réactions chimiques que toutes ces molécules entretiennent entre elles dans les océans primitifs (qu'on a pour cette raison appelés la « soupe chaude primitive », mais qui, bien entendu, reste d'une chaleur très modeste par rapport au cœur des étoiles évoqué plus haut pour la fabrication des atomes lourds).

d) *Stabilisation*, toujours dans les eaux, de ces ensembles diffus de polymères en des structures de plus en plus individualisées, cependant que la surface de la planète se refroidit doucement. Les réactions chimiques qui, durant la phase prémétabolique avaient lieu dans les océans, se seraient, au fur et à mesure de ce refroidissement, rassemblées dans des structures de plus en plus individualisées, qui constituent les premières cellules.

À la suite de nombreuses expériences de laboratoire, on connaît assez bien les processus qui ont dû intervenir lors des deux premières étapes. Les deux dernières sont moins bien connues, mais à la lumière des connaissances actuelles, on peut reconstituer un scénario plausible de leurs modalités de fonctionnement. Je décrirai brièvement ces quatre grands paliers en m'appuyant notamment sur la synthèse de Joël de Rosnay (De Rosnay, 1966).

L'interprétation de la manière dont ont pu se constituer les biomonomères résulte de l'expérience célèbre de Miller en 1953. Cet auteur a mélangé de l'hydrogène, du méthane, de l'ammoniac et de l'eau et fait agir sur ce mélange de composés, très communs à la surface de notre planète, des décharges électriques supposées représenter celles de la foudre des violents orages primitifs. À la suite de ce traitement électrique, il obtint des acides aminés et divers autres biomonomères. Il apporta ainsi la preuve qu'il était possible de passer en peu de temps et à l'aide d'opérations très simples de la matière minérale à la matière organique. Depuis les premiers résultats de

Miller, de nombreuses expériences ont permis d'en obtenir de similaires en variant les composants du mélange initial et en faisant intervenir d'autres agents physiques simples : chaleur élevée (de l'ordre de grandeur de celle de volcans primitifs), rayons ultraviolets (comme ceux du soleil), radioactivité (comme celle des roches)... Il a ainsi été possible d'obtenir à peu près tous les biomonomères, toutes les briques caractéristiques de la matière vivante, depuis les sucres comme le ribose ou le désoxyribose, si importants pour la construction des acides nucléiques, jusqu'aux acides aminés et aux nucléotides, éléments de base de la construction, respectivement, des protéines et des acides nucléiques, en passant par les acides gras, réserves essentielles de la cellule et qui servent, à leur tour, à la fabrication de diverses autres molécules utiles au fonctionnement cellulaire.

Il est raisonnable de penser que lorsque ces phénomènes eurent lieu sur Terre, il y a environ 3,5 milliards d'années, les biomonomères nouvellement formés entraient en solution aqueuse et se trouvaient en quelque sorte protégés par l'océan primitif. En solution dans l'océan, ces molécules relativement fragiles se trouvaient protégées contre l'action des mêmes facteurs physiques (décharges des orages, chaleur, rayons ultraviolets, radioactivité...) qui, les ayant construites, auraient, tout aussi bien, pu les détruire ensuite. On a aussi pu montrer, contre les mêmes facteurs physiques, le rôle protecteur joué par certaines argiles métallifères (Matras et Chapouthier, 1981). Dans une solution contenant les deux types de biomonomères essentiels de la vie que sont les nucléotides et les acides aminés, les argiles à nickel captent préférentiellement les acides aminés alors que les argiles à zinc captent préférentiellement les nucléotides. Ce fait suggère un rôle spécifique de certaines argiles dans l'apparition et le maintien de certaines classes de biomonomères, ceux-là mêmes qui sont encore présents dans les êtres vivants d'aujourd'hui. Ainsi se trouverait expliqué le rôle de certains métaux à l'état de traces (oligo-éléments) dans le fonctionnement des organismes, témoignage inattendu de notre très lointaine « hérédité argileuse ».

Du fait du très grand nombre de manifestations des facteurs physiques extrêmes déjà mentionnés en de nombreux points de la planète, on remarque tout de suite que ces biomonomères avaient une grande probabilité d'apparaître et qu'ils ont dû effectivement être synthétisés en d'innombrables occasions. C'est tellement vrai qu'on admet aujourd'hui que les biomonomères peuvent se former dans les conditions physiques les plus variées en de nombreux points de l'univers et on en a trouvé la trace ailleurs que sur Terre. L'existence du carbone, atome qui, comme je l'ai décrit plus haut, peut « se coller » à de nombreux autres, rend, en quelque sorte, l'apparition des biomonomères nécessaire. La construction même des molécules carbonées offre les conditions d'un déterminisme de l'existence des biomonomères. Schoffeniels (Schoffeniels, 1973) l'a justement remarqué : « Il est actuellement hors de question d'imaginer une forme de vie qui ne serait pas basée sur la chimie du carbone » (p. 127). Certains auteurs avaient, en particulier, imaginé quelque chose de similaire avec un atome beaucoup plus lourd, le silicium. Il ne semble pas que ces hypothèses aient trouvé le moindre embryon de vérification.

D'autres travaux ont montré qu'il est aisé de produire des biopolymères à l'aide de biomonomères. Ainsi Fox (De

Rosnay, 1966) en chauffant ensemble de façon modérée des acides aminés, a obtenu des petites protéines (qu'on appelle des « polypeptides »). Le chauffage modéré permet en effet aux liaisons entre les atomes des biomonomères de se rompre et le refroidissement à de nouvelles liaisons de se former. Ces nouvelles liaisons se formant au hasard entre les atomes présents, elles peuvent enchaîner entre elles des petites molécules (biomonomères) qui étaient à l'origine indépendantes et constituer ainsi des biopolymères. Une analogie permet de se faire une idée de ce phénomène : si l'on agite ensemble des éléments collants ou aimantés, on fait apparaître des ensembles plus grands, un peu comme les chaînes des trombones que les enfants accrochent à un aimant. Bien entendu, il s'agit de polypeptides où les acides aminés sont enchaînés au hasard et qui, par conséquent, ne présentent pas les séquences particulières, responsables des propriétés biologiques, que nous connaissons chez les êtres vivants. Des expériences du même type (chauffage modéré de nucléotides) et des considérations du même ordre (apparition de biopolymères où les nucléotides sont enchaînés au hasard), peuvent être mentionnées et formulées à propos du passage des nucléotides aux acides nucléiques, l'autre classe essentielle de biopolymères.

Il est raisonnable de penser qu'en solution toutes ces molécules chimiquement actives ont pu réagir entre elles. Une telle interaction chimique entre des molécules organiques en solution dans les océans est appelée « prémétabolisme », par analogie avec les interactions qui se développent entre les molécules organiques à l'intérieur des cellules vivantes et qu'on appelle « métabolisme ». On peut imaginer l'œuvre du temps et une sélection darwinienne sur les composants de ce prémétabolisme, les réactions chimiques les plus aisément produites se perpétuant plus facilement. Il est également vraisemblable que diverses molécules de ce prémétabolisme, qui présentaient entre elles des affinités chimiques et des possibilités de réactions chimiques complémentaires, aient pu se grouper dans l'espace pour constituer des gouttelettes chimiques qu'Oparine a appelées « coacervats » et Fox « microsphères » (Matras et Chapouthier, 1981). Cette sélection, qui suppose le temps comme acteur principal, souffre évidemment du même défaut que la sélection darwinienne des espèces : pour vraisemblable qu'elle soit, elle est difficilement reproductible en éprouvette !

On peut ensuite imaginer une sélection des coacervats ou microsphères sur les mêmes bases que celles imaginées pour la sélection des molécules au sein de la soupe chaude primitive. Parmi les coacervats, les plus stables auraient été sélectionnés. Entre ces derniers, ceux qui ont acquis une capacité, même sommaire, de se reproduire, ont eu, par là même, un avantage exceptionnel sur les autres et ont pu se perpétuer beaucoup plus facilement. On peut imaginer qu'ensuite la soupe chaude primitive s'est refroidie, ce qui aurait rendu de plus en plus difficiles les réactions chimiques dans les océans, d'où finalement un appauvrissement des océans en matières organiques réactives. Les gouttelettes, qui auraient incorporé des réactions d'abord effectuées dans la soupe chaude primitive, auraient alors pris le relais en même temps que celle-ci s'appauvrissait. Les premières cellules seraient ainsi apparues. La vie serait née, non pas d'un seul coup, mais par des paliers successifs de complexité croissante. L'apparition des premières cellules, entités stables, c'est-à-dire capables de maintenir leur existence dans leur milieu environnant, représente la naissance des premières structures vivantes, au sens précis qui a été donné au mot « structure » dans l'introduction.

Même si ces deux derniers paliers restent très spéculatifs, on peut raisonnablement en inférer une très forte probabilité de déroulement d'une telle évolution prébiotique. Cette sélection de systèmes moléculaires de plus en plus intégrés, cette naissance de cellules à partir des microsphères, apparaissent comme des conséquences de l'existence même de biomonomères et de biopolymères chimiquement réactifs, présents ensemble en solution dans les océans durant de longues périodes de temps, et qui auraient fini par se regrouper pour mieux interagir chimiquement. L'émergence de la vie à partir de l'inerte apparaît comme un phénomène très probable localement, voire nécessaire à l'échelle de l'univers, du fait même de l'existence du carbone et du déroulement du temps.

Cette évolution comporte comme corollaire l'universalité des molécules organiques et donc une forte probabilité d'apparition de systèmes complexes ou vivants constitués de biopolymères un peu partout dans l'univers, dès lors que les conditions de température le permettent. S'il paraît vraisemblable, dans l'état actuel des connaissances, qu'aucune vie n'existe dans notre banlieue proche, c'est-à-dire dans l'ensemble des autres planètes du système solaire, l'existence d'êtres vivants un peu partout dans des systèmes stellaires plus éloignés semble présenter, à la lumière des considérations ci-dessus, une grande vraisemblance. Il reste, et nous y reviendrons plus loin, que de tels êtres, malgré leurs bases carbonées sans doute identiques, risquent d'être fort différents des êtres vivants terrestres.

L'évolution des espèces

Une fois apparue la première cellule, nous quittons le domaine de l'évolution prébiotique pour celui de l'évolution des espèces. Celle-ci se déroule, bien entendu, dans le sens d'une complexité progressive. On pourra trouver ailleurs des descriptions extensives des aspects les plus modernes de la théorie de l'évolution des espèces (Skelton, 1993) (Dossier, 2000) (Langaney, 1999). On n'entrera pas ici dans les controverses de détails entre spécialistes, qui, pour importantes qu'elles soient, ne changent pas fondamentalement l'argumentation très générale développée ici. Je limiterai donc l'exposé aux considérations les plus utiles à la thèse que je défends.

Ici encore je voudrais montrer que cette évolution vers la complexité est nécessaire, du fait même de la construction des premières cellules, en invoquant deux types d'arguments. Les premiers reposent sur l'existence, tout au long de l'évolution des espèces, d'un principe évolutif unique que j'appellerai « principe de juxtaposition-intégration » ; les seconds reposent sur l'apparition, en des points disjoints de l'arbre généalogique du monde vivant, de propriétés identiques qui traduisent l'arrivée d'une lignée à un nouveau palier de complexité.

Arbre généalogique du monde vivant

La théorie de l'évolution avance que les espèces animales descendent les unes des autres et donc que les animaux plus compliqués ont des ancêtres qui ressemblaient à des animaux plus simples actuels. Cette théorie a été étayée par un tel nombre d'arguments scientifiques (fossiles, parentés anatomiques, embryonnaires, biochimiques ou génétiques entre les espèces animales, preuves biogéographiques, etc.) qu'elle a entraîné une conviction unanime. Aujourd'hui, seuls quelques intégristes religieux la mettent encore en doute. Nous nous appuierons tout au long de cet ouvrage sur les résultats de la théorie de l'évolution, notamment sur la possibilité qu'elle offre de classer les êtres vivants en dessinant un arbre généalogique qui part des plus simples pour aboutir aux plus compliqués, en respectant la filiation entre les groupes. Un tel arbre est, bien entendu, possible pour tous les êtres vivants : bactéries, champignons, plantes vertes, animaux... Je limiterai mon propos à la partie de l'arbre généalogique concernant les animaux, sur lesquels vont s'appuyer la plupart des arguments présentés.

Des résultats récents de biologie moléculaire, qui permettent de chiffrer très précisément le degré de parenté entre les espèces, ont permis de transformer dans le détail certaines des branches de cet arbre généalogique. Ainsi, par exemple, ces résultats ont montré que le chimpanzé était remarquablement proche de l'homme. Plutôt que d'opposer l'homme d'un côté à un groupe constitué de tous les singes anthropoïdes (chimpanzé, gorille, orang-outan, gibbon) de l'autre, il valait mieux classer d'un côté l'homme et le chimpanzé, et de l'autre les anthropoïdes autres que le chimpanzé. Ces travaux, pour intéressants qu'ils soient, ne changent rien à l'argumentation que je vais développer sur l'arbre généalogique des grands groupes animaux.

La figure 1 présente très sommairement un tel arbre généalogique, mais d'une façon cependant suffisante pour notre propos. À l'origine, on remarque des êtres à une seule cellule ou unicellulaires, encore appelés « protozoaires ». Par combinaison de cellules (voir figure 2) apparaissent ensuite, dans l'arbre généalogique, des êtres à deux feuillets comme les méduses ou les éponges. Très schématiquement, ces êtres peuvent être décrits comme des sortes de sacs comportant un feuillet interne (digestif) et un feuillet externe (protecteur). Au-delà, le plan d'organisation comprend trois feuillets. La plupart des animaux sont donc des êtres à trois feuillets. Aux deux feuillets précédents vient s'ajouter un feuillet moyen, responsable, entre autres, de la fabrication du squelette et des muscles. Par ailleurs le feuillet externe, responsable de la protection, donne naissance non seulement à la peau, mais aussi au système nerveux qui ne devient interne que secondairement (voir figure 3). À ce niveau de l'arbre généalogique, on constate alors une bifurcation en deux grandes branches. Celle de droite sur la figure comprend des animaux à système nerveux ventral (vers comme les vers plats ou les vers annelés, mollusques comme l'escargot ou la pieuvre, arthropodes comme les insectes ou les crustacés). On suit assez bien dans cette branche l'évolution des espèces et des groupes. La branche de gauche comprend des animaux à système nerveux dorsal. On

Figure 1 – *Arbre généalogique simplifié du monde animal*

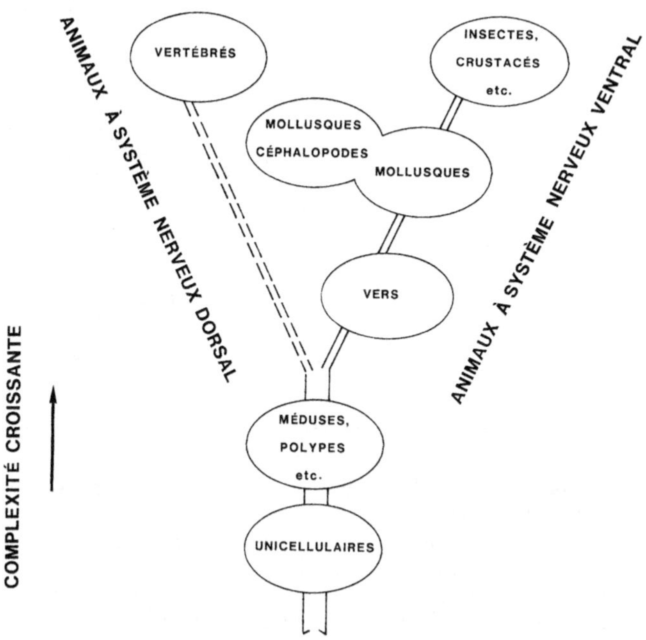

À partir d'animaux à une seule cellule (unicellulaires) apparaissent des animaux à deux types de tissus, comme les méduses ou les polypes, puis, finalement des animaux à trois types de tissus. Parmi ces derniers, on oppose ceux qui ont un système nerveux ventral, comme les vers, les mollusques, les insectes ou les crustacés, et ceux qui, comme les vertébrés, ont un système nerveux dorsal. On connaît mal les ancêtres du groupe des vertébrés (auquel l'homme appartient). Indépendamment de leur système nerveux dorsal, il est vraisemblable qu'ils avaient une segmentation comparable à celle des vers, fait dont on trouve encore des traces dans la segmentation de nos côtes ou de nos vertèbres, par exemple. On remarque que l'on a séparé, dans le groupe des mollusques, les céphalopodes (pieuvre, seiche, calmar...) des autres mollusques. La raison en est leur grande intelligence qui les rapproche, sur ce plan intellectuel, des vertébrés (voir le chapitre sur la mémoire.). Figure tirée de G. Chapouthier, *La Biologie de la mémoire*, Paris, Presses Universitaires de France, Collection « Que sais-je ? », 1994.

Figure 2 – Constitution des animaux
à deux feuillets

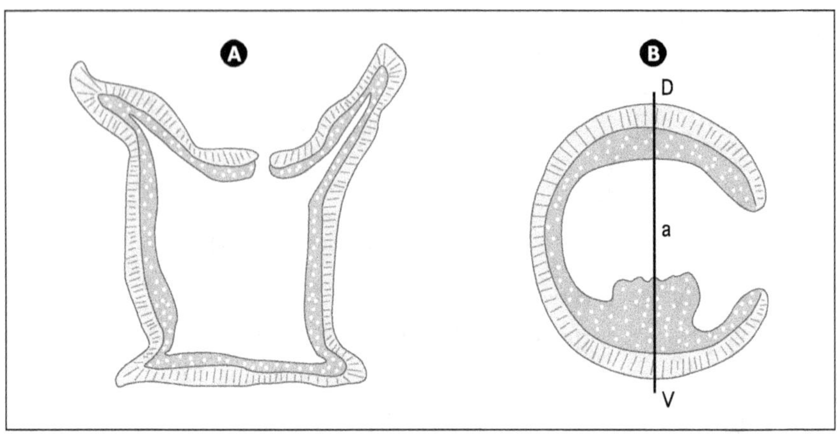

Un animal à deux feuillets (A) est une sorte de sac digestif muni de tentacules qui lui permettent de capturer des proies et de les paralyser grâce à des cellules « urticantes » contenues dans le feuillet externe. Les proies sont ensuite absorbées par l'orifice unique appelé « bouche », qui sert également d'anus lorsque les proies sont digérées. Lors de leur évolution embryonnaire, les animaux plus évolués passent par un stade à deux feuillets comme celui représenté en (B). Ici le sac digestif, appelé « archenteron » (a), n'est évidemment plus fonctionnel, mais il reste la trace du sac digestif des ancêtres de l'embryon considéré. D'une façon générale, un embryon passe par différents stades qui résument l'évolution de ses ancêtres. Pour faciliter la comparaison avec la figure 3, on a représenté, par rapport au dos (D) et au ventre (V) de l'embryon, la direction d'une coupe transversale.

dispose de peu de fossiles ou d'espèces vivantes permettant de suivre la filiation de ces groupes jusqu'à l'apparition d'un grand groupe très homogène, celui des vertébrés, auquel l'espèce humaine appartient. Gardons bien cette figure présente à l'esprit chaque fois qu'il sera question d'évolution des animaux. Elle nous permettra, en effet, de

Figure 3 – *Constitution des animaux à trois feuillets*

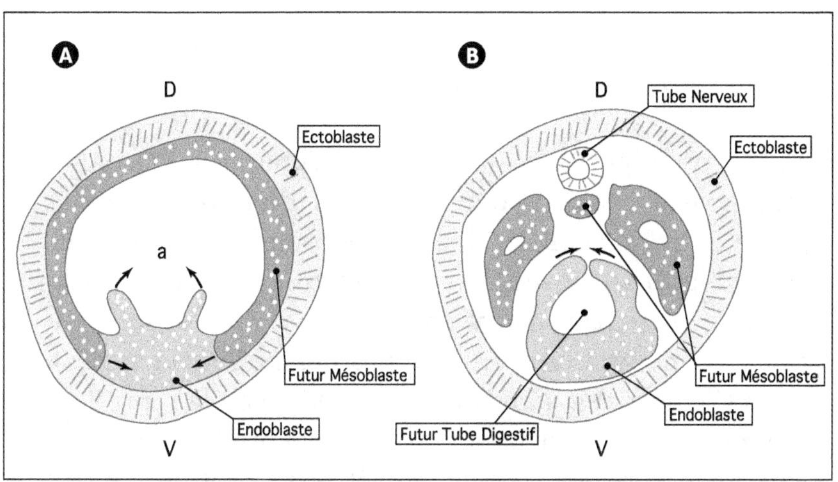

Sur l'équivalent de la coupe transversale annoncée sur la figure 2, on a représenté un animal à trois feuillets encore embryon, alors qu'il ne possède que deux feuillets (A), un feuillet externe (appelé « ectoblaste ») et un feuillet interne autour de l'archenteron (a). Sur ce feuillet interne, on a figuré la place du futur feuillet interne des trois feuillets (ou « endoblaste ») et du futur feuillet moyen (ou « mésoblaste ») ainsi que des flèches pour indiquer les directions de la croissance des cellules. (V) et (D) représentent les parties ventrales et dorsales de l'animal. De cette organisation à deux feuillets, on passe aisément, lors d'un stade ultérieur de l'embryon, à une organisation à trois feuillets (B) qui sera l'organisation définitive des animaux dits « supérieurs ». Cette organisation comprend donc le feuillet externe ou ectoblaste, qui donne également le tube nerveux, le feuillet interne ou endoblaste, qui donne le tube digestif, et le feuillet moyen ou mésoblaste qui donne notamment les os et les muscles. Bien entendu, ces éléments anatomiques sont sujets à d'innombrables modifications et variations selon les différents groupes animaux. Par exemple, chez les vertébrés, le tube nerveux (vu ici en coupe transversale) devient la moelle épinière à l'arrière et l'encéphale à l'avant (voir figure 7).

« placer » les uns par rapport aux autres les grands types d'organisation des animaux.

Le principe de juxtaposition-intégration

Ce principe est le suivant : lorsqu'une structure biologique existe, elle peut, dans un premier temps, être juxtaposée à des structures identiques pour constituer des ensembles d'ordre supérieur (*juxtaposition*). Cette juxtaposition n'est pas une nécessité individuelle absolue (il existe de nombreuses entités vivantes non juxtaposées), mais elle apparaît souvent du fait même de la reproduction des systèmes vivants. Lorsqu'une entité mère donne naissance à une entité fille, il doit arriver tôt ou tard un moment où, à la suite d'une « erreur » de processus, la séparation ne se fait pas et les deux entités restent côte à côte. D'où l'importance non seulement des déterminants génétiques bien sûr, mais aussi embryonnaires dans l'évolution individuelle (appelée « ontogénie », c'est-à-dire « évolution de l'être ») des animaux. Si cette juxtaposition constitue un bénéfice, elle peut ensuite être sélectionnée par le milieu. La juxtaposition apparaît donc comme statistiquement inéluctable pourvu qu'on se donne la reproduction du vivant (qui est une caractéristique de la vie, acquise à la fin de la période prébiotique) et le temps.

On assiste ensuite à une spécialisation de certaines des structures juxtaposées par rapport à d'autres à l'intérieur même des ensembles d'ordre supérieur (*intégration*). On peut admettre que les hasards du milieu (différences locales de température, de pression, de composition chimique...) ou des erreurs de fonctionnement des mécanismes (génétiques ou biochimiques) qui contrôlent les structures juxtaposées aboutissent à ce que certaines acquièrent un fonctionnement propre. Si ce fonctionnement propre s'avère utile au développement et à la survie de l'ensemble d'ordre supérieur, il pourra être sélectionné par le milieu, qui, selon les principes généraux de la sélection naturelle, favorisera donc l'existence de telles entités hétérogènes. Ces entités hétérogènes constituent évidemment des structures plus complexes que celles qui ont servi à les constituer. Elles peuvent, à leur tour, servir de matériau de base pour de nouveaux jeux de juxtaposition-intégration, susceptibles de constituer de nouveaux ensembles d'ordre encore supérieur (voir figure 4).

Donnons quelques exemples qui permettront d'illustrer et d'expliciter ce principe un peu abstrait. Si les structures de base sont des cellules, leur juxtaposition aboutit à des ensembles de cellules juxtaposées. On trouve de tels ensembles chez certains unicellulaires (voir plus haut la figure de l'arbre généalogique du monde animal) appelés « gonium ». En fait ces êtres, du groupe des flagellés, qui possèdent des chloroplastes, sont, en toute rigueur, des unicellulaires végétaux, mais ils sont anatomiquement tellement proches des unicellulaires animaux (appelés « protozoaires flagellés ») dont il est question ici, qu'ils peuvent être choisis pour constituer un exemple de juxta-position de cellules identiques. Chez Gonium (figure 5), des cellules identiques munies de deux flagelles loco-moteurs sont juxtaposées dans une sorte de gelée. Ces juxtapositions constituent, sur un plan histologique, l'équivalent d'ensembles à un seul feuillet. À l'intérieur de ces ensembles de cellules à l'origine identiques, on peut voir apparaître des spécialisations de certaines d'entre

Figure 4 – Jeu de la juxtaposition-intégration

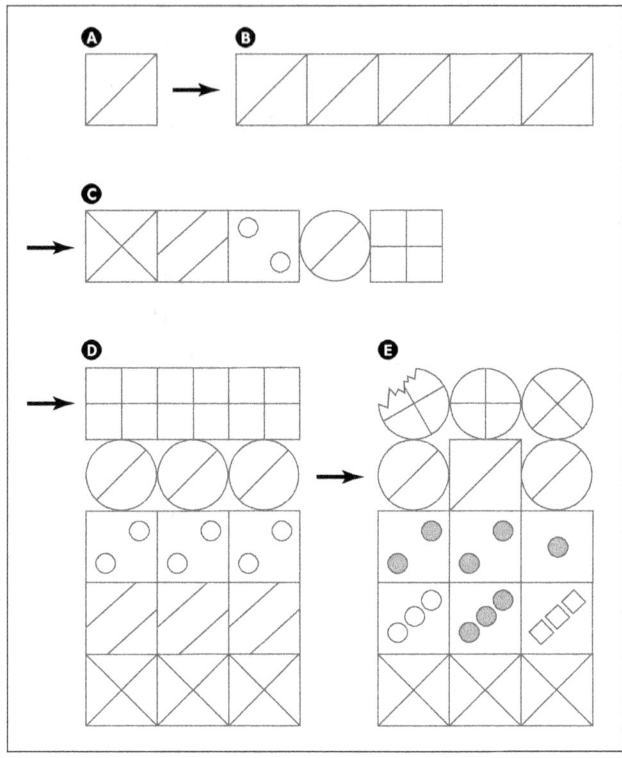

Cette figure montre, sur un exemple entièrement théorique, comment fonctionne le principe de juxtaposition-intégration. Des entités de base (A), représentées par les carrés munis d'une diagonale, peuvent d'abord se juxtaposer (B). Ensuite certaines peuvent, en se différenciant, acquérir des spécificités de fonctionnement qui font qu'elles deviennent parties d'un tout intégré (C). Cet ensemble intégré (C) devient une entité d'ordre supérieur sur laquelle peut à nouveau jouer le principe de juxtaposition-intégration. Les entités (C) peuvent donc d'abord se juxtaposer (D). Puis chacune des entités juxtaposées peut, en se différenciant, acquérir des spécificités de fonctionnement qui font qu'elle devient partie d'un tout intégré (E). Au-delà (non représenté sur la figure), on peut évidemment imaginer l'application du principe de juxtaposition-intégration aux entités (E), et ainsi de suite.

Figure 5 – *Juxtaposition et intégration chez les unicellulaires*

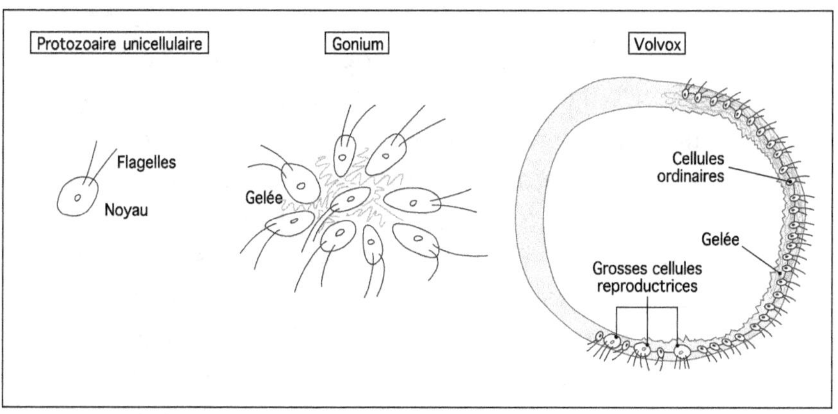

On peut trouver, chez certains unicellulaires, des images directes du principe de juxtaposition-intégration. Si l'on prend comme entité de départ un unicellulaire muni de deux flagelles locomoteurs, comme il en existe de nombreuses espèces, on peut imaginer que par juxtaposition, de telles entités puissent se grouper. C'est effectivement ce que l'on trouve chez des êtres comme Gonium, qui constitue des amas d'unicellulaires groupés dans une sorte de gelée. Un début d'intégration peut être observé chez Volvox, où les cellules se groupent pour constituer des sphères creuses de milliers d'entités de base juxtaposées et même physiquement attachées les unes aux autres. À certains endroits de la sphère apparaissent des cellules reproductrices, plus grosses, qui constituent l'amorce d'une différenciation en deux tissus, une caractéristique des individus (dits « pluricellulaires ») à deux feuillets. Des êtres comme Gonium ou Volvox, classés dans les unicellulaires, sont donc des illustrations vivantes du passage, par juxtaposition-intégration, vers des êtres pluricellulaires intégrés à deux feuillets, comme les polypes par exemple.

elles, comme, par exemple, chez certains autres flagellés du groupe des Volvox (voir figure 5), ce qui constitue un début d'intégration de ces ensembles. Autre exemple : si les structures de base sont des entités à deux feuillets, comme les polypes, leur juxtaposition aboutit à des colonies de polypes (figure 6), comme les récifs de coraux, et leur intégration, à des ensembles complexes et différenciés qu'on appelle les « siphonophores ». Autre exemple encore : si les structures de base sont des entités à trois feuillets, voisines de ce qu'ont pu être les ancêtres des vers plats, leur juxtaposition aboutit aux vers métamérisés, c'est-à-dire segmentés comme le ver de terre de nos jardins, et leur intégration, par spécialisation des métamères ou segments, à tous les animaux dits « supérieurs » (mollusques, arthropodes, vertébrés...). Je ne m'étendrai pas sur ces exemples, qui font appel à des notions de zoologie, mais je tenais à les donner pour justifier le principe que je propose, celui de juxtaposition-intégration, qui n'est pas gratuit et résulte bien d'une conception du monde animal.

À un niveau encore supérieur, on pourrait admettre que la juxtaposition s'effectue non plus spatialement mais socialement. Les structures de base seraient alors les animaux intégrés à trois feuillets. Leur juxtaposition constituerait les sociétés et leur intégration la hiérarchie sociale. On verra plus loin les rapports entre cette hiérarchie sociale et la liberté.

On pourrait rétorquer que cette description morphologique ne rend pas compte de ce qui se passe au niveau génétique et qui représente une bonne part des mécanismes effectivement responsables de l'évolution. En effet, la forme globale des animaux et des structures qui les composent, et qui a fait l'objet des réflexions qui précèdent, dépend en grande partie de l'action des gènes. À vouloir trop décrire l'évolution des formes comme je viens de le faire, ne risque-t-on pas de négliger la

Figure 6 – Juxtaposition et intégration chez les polypes

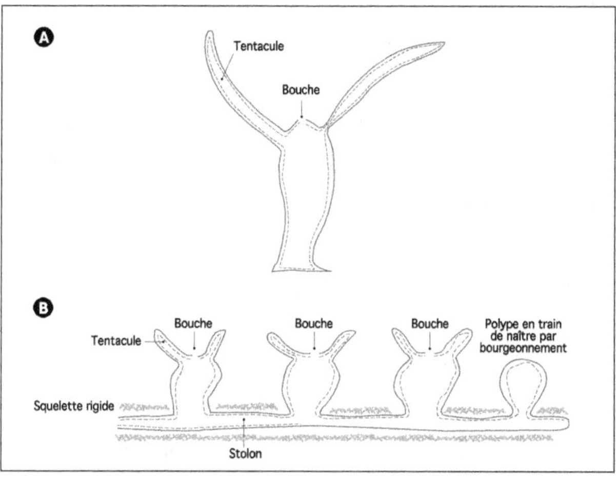

Les polypes « simples » sont des animaux à deux feuillets, comme ceux décrits à la figure 2. Un exemple peut en être donné par l'hydre d'eau douce de nos ruisseaux, dont le schéma est présenté ici en coupe (A). On a figuré en trait plein le feuillet externe et en pointillé le feuillet interne. L'animal est posé sur le sol, mais peut à l'occasion se déplacer en basculant sur ses tentacules. Sur le corps de l'hydre d'eau douce peuvent bourgeonner des hydres filles qui se séparent de l'hydre mère pour constituer des individus autonomes. Le schéma (B) montre ce qui se passe chez d'autres espèces de polypes, où les polypes fils, au lieu de se séparer, restent fixés, par des stolons, au polype dont ils sont issus. Les figurations du feuillet externe et du feuillet interne sont les mêmes que pour le polype isolé de (A). On assiste ici à une juxtaposition de polypes tous équivalents, qui, pour se protéger, s'entourent d'un squelette rigide, et ce sur des distances qui peuvent atteindre des centaines de kilomètres. Ainsi se constituent les grands récifs des mers chaudes de madrépores et de coraux. Le corail rouge utilisé en bijouterie est le squelette (débarrassé de ses polypes) d'une variété de ces animaux.

Au-delà de cette juxtaposition, on peut assister à des phénomènes d'intégration, notamment chez certains animaux à deux feuillets appelés « siphonophores ». La grande complexité de ces structures ne permet pas d'en donner ici un schéma simple. Signalons simplement que l'anatomie de certains polypes peut évoluer vers celle d'un sac flottant sur l'eau appelé « méduse ». Les siphonophores sont, grossièrement, des colonies intégrées de polypes et de méduses.

contribution essentielle des gènes ? On peut répondre à cette objection de deux manières.

Tout d'abord, comme on l'a signalé plus haut, on peut faire valoir que, philosophiquement, l'analyse des surfaces et des interfaces (Dagognet, 1982), c'est-à-dire des phases de transition morphologiques entre les structures et leur environnement, est riche d'enseignement sur les mécanismes sous-jacents, notamment génétiques. Si, certes, les gènes commandent en partie les formes, les formes sont à l'inverse, d'une certaine manière, le reflet fonctionnel des gènes, et ce n'est donc pas négliger la génétique que de se pencher sur l'évolution morphologique. Par ailleurs et plus précisément, en ce qui concerne les mécanismes génétiques eux-mêmes, de nombreuses réflexions sur la génétique moderne supposent que les gènes « en mosaïque » des vertébrés (composés de parties fonctionnelles appelées « exons » et de parties « silencieuses » appelées « introns ») pourraient être les résultats de duplications de segments suivies de leurs spécialisations, que l'on peut assimiler à des juxtapositions-intégrations au niveau génétique. Ainsi Ohno (Ohno, 1980) voit dans cette duplication des gènes la cause même de l'évolution des espèces. On sait en effet qu'en général la mutation d'un gène est défavorable et que l'individu qui la subit est éliminé par la sélection naturelle. Il est donc infiniment peu probable que plusieurs mutations aléatoires surviennent ensemble sur un même gène ou sur un même ensemble de gènes, pour permettre l'apparition d'une structure génétique nouvelle, utile au progrès de l'espèce. En revanche, une ou des copies supplémentaires (obtenues par duplication, c'est-à-dire, selon notre terminologie, juxtaposition) d'un gène qui figure normalement sous forme de deux copies, les allèles, peuvent, à l'abri du fonctionnement normal assuré par les allèles normaux, « subir des mutations aléatoires successives... jusqu'à ce qu'un site entièrement différent puisse être formé » (Ohno, 1980). Ces mutations successives assurent donc, à l'intérieur de cet ensemble de gènes, une intégration au sens que nous avons donné à ce terme. Si l'on suit l'ensemble de ces réflexions, on voit qu'on peut retrouver le principe de juxtaposition-intégration dans l'organisation génétique elle-même. Il reste que c'est dans la morphologie, qui conditionne les interactions du vivant avec son environnement et donc sa fonction d'être vivant, que je poursuivrai la description et l'analyse.

L'émergence de propriétés liées à l'accroissement de complexité

Si ma thèse est vraie, si donc l'évolution conduit nécessairement à une complexité croissante « par construction », c'est-à-dire par l'application répétée du principe de juxtaposition-intégration, on peut supposer que des propriétés nouvelles apparaissent à des paliers de complexité successifs. Pour faire comprendre ce point, prenons d'abord une analogie sommaire qui ne fait pas appel directement à la notion de complexité. Si je mets au four des plats différents, qui tous reposent sur une construction chimique commune (des molécules organiques), et que je les y laisse un temps long, ils passeront tous par des étapes similaires : réchauffement d'abord, puis modifications chimiques et physiques dues à la cuisson, enfin carbonisation. D'une façon beaucoup plus raffinée évidemment que ne le permet de penser cette analogie fruste, des paliers de complexité successifs, du fait même des interactions multiples qu'ils permettent entre les éléments juxtaposés puis intégrés, doivent aboutir à l'émergence de propriétés nouvelles, inconnues dans les éléments plus simples qui participent à l'édifice intégré. En ce sens, le tout intégré est plus que la somme de ses parties.

Ou encore : si ma thèse est vraie, si le principe de juxtaposition-intégration est, par son application répétée, à l'origine de l'arbre généalogique des animaux que nous avons décrit plus haut avec diverses branches, il est logique d'attendre que, passé un certain seuil de complexité, les entités vivantes montrent des similitudes, des propriétés voisines, liées à un certain niveau de complexité, même si elles appartiennent à des branches disjointes de l'arbre généalogique. Ou enfin : si ma thèse est vraie, on devrait trouver, en des points de l'arbre généalogique disjoints, mais d'un niveau de complexité suffisant (et comparable), l'émergence de propriétés semblables, résultant de ce surcroît de complexité. Je voudrais, sur quelques exemples qui ne sont évidemment pas exhaustifs, montrer que c'est effectivement ce qu'on observe.

Accroissement de la taille. Le principe de juxtaposition-intégration doit aboutir à des entités juxtaposées, voire intégrées, plus grandes que les structures qui leur ont donné naissance avant juxtaposition. Sans que cela présente un caractère absolu, il est donc logique que l'on retrouve à certaines extrémités des branches de l'arbre généalogique du monde vivant des êtres de taille « macroscopique », c'est-à-dire qui apparaissent dans le domaine d'action de l'homme, par opposition à leurs antécédents, à leurs ancêtres microscopiques. C'est le cas, pour ne citer que ces seuls exemples, des champignons et des algues, et de nombreux animaux à deux ou trois feuillets. Pour ce qui est des champignons, si les premiers membres du groupe ne peuvent être vus qu'au microscope, les plus évolués sont visibles à l'œil nu, tels les champignons que nous ramassons dans nos forêts ou les algues que nous rencontrons sur nos rivages. En ce qui concerne les animaux à deux feuillets, il existe dans nos rivières de tout petits animaux, d'un à deux millimètres de long, appelés « hydres d'eau douce » (figure 6) ; mais des « cousins » de ces hydres d'eau douce se groupent par juxtaposition et sécrètent un squelette calcaire pour constituer finalement, dans les mers chaudes, des récifs coralliens de... plusieurs centaines de kilomètres de long ! Quant aux animaux à trois feuillets, les vers « à un seul anneau » (comme les planaires, qui sont de petits animaux que l'on trouve sous les pierres de nos rivières) dépassent rarement quelques centimètres (même s'il y a de rares exceptions). Mais les vers « à plusieurs anneaux » comme le ver de terre de nos jardins, ou d'une certaine manière le ver solitaire, parasite de nos intestins, peuvent être beaucoup plus longs. Et on pourrait poursuivre l'analogie en mentionnant les animaux à trois feuillets groupés en colonies d'individus indépendants, et qui constituent, comme on le verra plus loin, une forme de juxtaposition : il est clair que la fourmilière, la ruche ou la termitière sont plus grosses que la fourmi, l'abeille ou le termite !

Mobilité. Un être doué de propriétés motrices paraît *a priori* plus complexe que s'il en était dépourvu. Ces considérations ne concernent pas la plupart des végétaux qui ont évolué vers un mode d'être fixé donc sédentaire. (Par souci de simplicité, je classerai ici les champignons parmi les végétaux même si certains travaux récents suggèrent qu'ils constituent en fait un groupe à part.) En ce qui concerne la mobilité, il n'y a guère que chez les unicellulaires et quelques champignons très particuliers que l'on trouve des végétaux vraiment mobiles. Chez les animaux en revanche, la mobilité apparaît dans presque toutes les lignées : protozoaires évolués en ce qui concerne les unicellulaires, siphonophores en ce qui concerne les animaux à deux feuillets, mollusques, en particulier les céphalopodes comme la pieuvre ou la seiche qui sont très mobiles. On pourrait multiplier les exemples.

Homéothermie ou température constante. Si la mobilité pouvait être considérée comme un accroissement possible de la complexité émergeant assez tôt dans les différentes lignées animales, l'homéothermie n'apparaît qu'en bout de course. Elle pourrait être associée à l'émergence de propriétés complexes dans le traitement de l'information et le comportement, propriétés elles-mêmes liées à la stabilité thermique. En effet, lorsque la température d'un animal dépend de celle du milieu extérieur, comme on sait que la plupart des réactions chimiques de la vie dépendent de la température, un refroidissement se traduit par un ralentissement des réactions et finalement une léthargie de l'animal entier. Le maintien d'une température constante permet aux réactions de l'organisme de s'effectuer avec la même efficacité, quelles que soient les variations de température de l'environnement. On comprend dès lors que le contrôle du mouvement, voire des activités mentales d'un animal, soit meilleur lorsque la température est stable. Cette stabilité de la température, nous la voyons apparaître en trois points différents du monde vivant : mammifères, oiseaux et... insectes sociaux, car si l'abeille n'est pas homéotherme, la ruche en revanche vit dans une gamme limitée de températures et présente donc une tendance à l'homéothermie. À ces trois exemples, on peut, si l'on en croit certains auteurs, ajouter un quatrième, celui des dinosaures, qui étaient peut-être homéothermes également.

Développement de la sphère électromagnétique. Meilleure est la simulation du monde par le cerveau, plus élevée est l'intelligence d'un animal, plus complexe et élaboré son comportement, plus grandes ses capacités d'adaptation à son milieu de vie. Une meilleure simulation du monde par le système nerveux va donc dans le sens d'une complexité croissante. Cette meilleure simulation paraît devoir reposer sur des sensibilités de la sphère électromagnétique (vision notamment). Ces sensibilités sont en effet capables d'apporter au système nerveux une information quantifiable pour la perception et la simulation de l'espace par exemple. La sensibilité visuelle notamment offre des possibilités d'analyse très précise de l'espace environnant. Alors que ce sont surtout des mécanismes de sensibilité chimique, notamment d'olfaction, qui dominent au début des grandes lignées évolutives du règne animal, on assiste donc, au bout de ces grandes lignées – vertébrés, mollusques céphalopodes comme la pieuvre, insectes sociaux comme l'abeille –, à un privilège de la vision, qui devient la reine des modalités sensorielles.

Extension de la communication. Grâce à une extension de la communication peuvent se constituer, à partir d'individus métamériques (c'est-à-dire à l'origine segmentés) intégrés, des sociétés ou des groupes plus ou moins organisés, qui, comme nous l'avons vu plus haut, constituent un palier supérieur dans la complexité du vivant. De cette extension de la communication, on peut donner, entre autres, comme exemples les mammifères, les oiseaux et les insectes sociaux. Les mammifères communiquent notamment par des systèmes élaborés de cris, de chants, de mimiques ou de gestes, les oiseaux par des cris et des chants complexes, les insectes sociaux par des messages olfactifs et des comportements dotés de sens, comme ce qu'on appelle improprement le « langage des abeilles » qui est en fait un code comportemental permettant à une abeille de transmettre à ses congénères des informations sur la distance et la direction des sources de nourriture.

Poursuite du naturel dans l'artefact. Lorsque le système nerveux et le comportement atteignent une certaine complexité, ils peuvent augmenter leur efficacité par des prolongements artificiels des activités biologiques, qu'on appelle des « outils ». On trouve de telles utilisations d'outils rudimentaires notamment chez les mammifères, les oiseaux et les insectes. On en donnera ci-dessous quelques exemples, sans se préoccuper de savoir s'il s'agit de phénomènes innés ou acquis.

Les chimpanzés peuvent utiliser des pailles pour aspirer des termites hors de la termitière. Les loutres cassent des coquillages sur leur ventre. En ce qui concerne les oiseaux (Chauvin, 1996), les grives brisent les coquilles des escargots sur des pierres appelées d'ailleurs « enclumes à escargots ». De la même manière, certains pics sont capables de creuser des trous dans des « enclumes » en bois pour y casser des noisettes qui, sans cela, rouleraient et ne pourraient être cassées. Le pinson des Galapagos, dont le bec est court, utilise de longues épines de cactus pour aller attraper des insectes dans les anfractuosités les plus profondes, épines qu'il transporte d'un cactus à l'autre. Certains oiseaux mâles d'Australie confectionnent des tampons d'herbes qu'ils colorent en violet avec des baies écrasées. Ils s'en enduisent ensuite le poitrail pour aller parader devant les femelles. Chez les insectes, rappelons le cas de la fourmi Atta, capable de créer des jardins de champignons qu'elle consomme. Pour ce faire, elle fabrique du terreau en sectionnant des feuilles qu'elle introduit dans ses galeries puis elle l'ensemence avec des fragments de champignons qui pourront proliférer avant d'être consommés. Chez les oiseaux comme chez les insectes, voire dans d'autres groupes animaux, il ne faut pas oublier non plus la construction des nids et des habitations, qui constituent une forme un peu particulière d'outil.

Sur ces quelques exemples, qui pourraient évidemment être complétés par bien d'autres, nous constatons que le cheminement de l'évolution vers la complexité se traduit par l'émergence de propriétés particulières liées à des paliers de complexité. Je ne veux pas dire par là, et j'y reviendrai ultérieurement, que le détail de l'évolution n'aurait pas été différent si les conditions de milieu avaient été tout autres – et d'ailleurs la comparaison des espèces qui peuplent la Terre montre bien l'extraordinaire multiplicité, voire l'infinité, des parcours possibles – mais que, par construction, l'évolution conduit à des structures de plus en plus complexes, par le principe de juxtaposition-intégration.

Complexité par nécessité

On peut contraster la position défendue ici à celle que Jacques Monod formule dans son livre célèbre *Le Hasard et la Nécessité* (Monod, 1970). Pour lui, l'évolution, et finalement l'homme, sont surtout les fruits du hasard. Ainsi écrit-il (p. 185) : « L'univers n'était pas gros de la vie, ni la biosphère de l'homme. Notre numéro est sorti au jeu de Monte-Carlo. Quoi d'étonnant à ce que, tel celui qui vient d'y gagner un milliard, nous éprouvions l'étrangeté de notre condition ? »

Ma position se situe à l'opposé. Je pense avoir montré que l'univers était gros de la vie et que, si la biosphère n'était pas grosse de l'homme dans le détail de sa structure, elle était, en tout cas, grosse de structures intégrées et de complexité croissante. Des atomes aux molécules biologiques, des molécules biologiques aux cellules et des cellules aux organismes supérieurs, on semble pouvoir passer par une série d'étapes nécessaires, au sens donné par Monod à ce terme, qui se présentent comme inéluctables. Si des conditions physiques convenables ont permis l'apparition de formes de vie ailleurs dans l'univers – et on ne voit pas pourquoi ce ne serait pas le cas –, on peut prédire que ces formes de vie sont construites avec les mêmes biomonomères que la nôtre et qu'elles obéissent, selon toute vraisemblance, au principe de juxtaposition-intégration. Cela veut dire qu'elles tendent vers des structures de plus en plus complexes. Mais cela n'implique pas que ces structures complexes soient nécessairement similaires aux nôtres. On y reviendra plus loin.

Il resterait à se demander comment, sur le plan de la croissance et du développement de l'individu, ce qu'on appelle le plan de l'« ontogenèse », ont pu se construire des êtres aussi complexes que les animaux dits « supérieurs ». Le merveilleux, l'improbable d'une telle complexité, ont paru à beaucoup d'auteurs, jusqu'à une date récente, un argument en faveur du hasard dans l'évolution, et on retrouve là notamment les thèses de Jacques Monod. Or des penseurs modernes comme Schoffeniels (Schoffeniels, 1973) ou Danchin (Danchin, 1979) les ont vigoureusement contestées.

Schoffeniels s'appuie sur une argumentation thermodynamique pour démontrer que l'existence de mécanismes physico-chimiques de base amène nécessairement à déduire l'existence de structures macroscopiques organisées : « Tous les faits d'expérience dont nous disposons actuellement [Schoffeniels fait ici allusion aux nombreux exemples qu'il donne dans son ouvrage sur les mécanismes étudiés par la biochimie et la biophysique] indiquent que les comportements physico-chimiques sont parfaitement déterminés et conduisent inexorablement à des évolutions déterministes au niveau macroscopique » (p. 129). Et ce non seulement au niveau cellulaire, mais aux niveaux les plus intégrés que sont l'organisme, voire les communautés d'organismes. À ce propos, Schoffeniels souligne le rôle de processus physico-chimiques essentiels, y compris dans la régulation des systèmes les plus intégrés, que sont les processus hormonaux ou phéromonaux. Ainsi les hormones, qui sont des molécules transportées par le sang dans tout le corps, entre un organe sécréteur et des organes récepteurs, permettent un fonctionnement harmonieux de l'organisme ; ainsi les phéromones, qui sont des molécules transportées d'un individu à l'autre par voie aérienne ou aquatique, permettent des interactions entre les organismes ; l'auteur envisage même des processus chimiques encore plus vastes, à l'échelle des écosystèmes. Le reproche que l'on peut lui faire, c'est qu'il ne propose pas de mécanismes précis qui permettraient d'expliquer, au moins grossièrement, la fabrication des structures complexes et le passage de ces déterminants physico-chimiques essentiels à la hiérarchie macroscopique des structures telle qu'elle nous apparaît. Schoffeniels se réfugie dans l'insuffisance de nos connaissances : « Le caractère imprévisible et irreproductible de la vie [...] résulte d'une observation et d'une expérimentation toujours dans l'enfance » (p. 21). Et le lecteur aimerait, bien sûr, en savoir davantage.

Danchin construit, en revanche, un scénario explicatif pour montrer que la complexité est possible parce qu'elle inclut des mécanismes par lesquels l'environnement « sculpte » l'individu, des mécanismes d'action externes que, par opposition aux processus génétiques internes au vivant, on appelle des « mécanismes épigénétiques » (ou épigenèse). En d'autres termes, selon Danchin, le bagage génétique des animaux supérieurs, aussi complexe puisse-t-il être, ne prédétermine pas, loin de là, tous les caractères de l'organisme futur. Il donne seulement les grandes règles, les grandes contraintes, qui vont présider à son développement. Le reste, le détail de sa genèse, encore appelée « ontogenèse », c'est le milieu, l'environnement qui le façonne au fur et à mesure que l'organisme se développe, par sélection progressive dans l'infini des possibles. C'est également ce que démontrent les récents progrès de la biologie du développement. Ainsi, nous dit Prochiantz (Prochiantz, 1993), « les gènes de développement [...] agissent sur le patron de l'organisme et non plus sur tel ou tel petit caractère » (p. 71). Si bien que « plus une espèce occupe une position élevée dans l'échelle évolutive, plus la part de l'épigénétique, comparée à la part du génétique, prend de l'importance dans la construction des individus » (p. 75).

Toutes ces considérations rendent du même coup les organismes complexes beaucoup plus probables. Si elles avaient été uniquement incluses dans l'architecture des gènes, l'infinie variété et la grande complexité du monde vivant auraient résulté, comme l'avait justement vu Monod, d'un hasard bien peu probable. Si, en revanche, comme l'ont montré Schoffeniels et Danchin, les gènes ne donnent que les grandes règles de fonctionnement – des règles relativement simples par rapport à la complexité du vivant – et si c'est l'environnement lui-même qui sculpte le détail des variations, cela rend la variété et la complexité beaucoup plus probables. Comme un sculpteur peut donner une infinité de formes possibles à un morceau de pierre brute, l'environnement ouvre les voies du vivant vers une infinité de possibles. Mais, à la différence du sculpteur, qui décide en toute conscience de l'œuvre qu'il va produire, l'environnement façonne à l'aveugle des êtres adaptés à lui. Puisque l'environnement évolue, les êtres vivants, sculptés par lui, évoluent avec lui. Et l'application de quelques règles simples, comme le principe de juxtaposition-intégration que je défends ici, permet d'expliquer l'évolution vers la complexité comme une marche inéluctable, où le hasard n'intervient que de façon secondaire. Fils de quelques règles de base véhiculées par les gènes et des contraintes aveugles dues à leur environnement, les êtres vivants sont donc, au sens donné par Monod à ce terme, des enfants de la nécessité.

Avant de poursuivre plus avant notre argumentation, arrêtons-nous un instant sur deux autres thèses, différentes des nôtres, mais qui, elles aussi, plaident en faveur d'une forte nécessité dans l'évolution du vivant.

La première de ces thèses s'appuie sur des données de l'embryologie. Il faut en effet rappeler que toute l'organisation anatomique d'un animal adulte, qu'elle soit sous l'influence de facteurs génétiques ou, comme je viens de le défendre, largement épigénétiques, trouve un point d'origine dans la cellule œuf dont l'animal est issu. On peut alors considérer l'organisme, non plus comme nous venons de le faire sous l'angle de son histoire évolutive, mais sous celui de son histoire personnelle, notamment de son histoire embryonnaire, qui fait passer de la cellule œuf (jonction d'un ovule maternel à un spermatozoïde paternel) à l'individu pourvu de tous ses organes. Cette histoire embryonnaire individuelle résume l'histoire évolutive : l'embryon passe par des stades d'organisation anatomique qui ressemblent à ceux de ses ancêtres, ce que les scientifiques résument dans la formule l'« ontogénie », c'est-à-dire la genèse de l'être (vivant) résume la « phylogénie », c'est-à-dire la genèse du « phylum », la lignée évolutive de ses ancêtres. Ainsi un petit d'homme passe, durant la vie embryonnaire, par un stade unicellulaire (la cellule œuf), puis par un stade à deux feuillets, puis par un stade à trois feuillets, où son organisation est proche de celle d'un poisson dans un milieu liquide (en l'occurrence, le liquide amniotique du sein maternel) qui rappelle la mer de ses ancêtres poissons, etc. Il faut donc s'attendre à retrouver les traces de l'action du principe de juxtaposition-intégration, que j'ai utilisé pour expliqué l'histoire évolutive, la « phylogénie », également dans cette histoire embryonnaire, également dans l'« ontogénie ». En d'autres termes, les unités anatomiques, les structures juxtaposées puis intégrées au cours de l'évolution des espèces dérivent, lors de chaque histoire individuelle, de l'œuf fécondé.

Ce point a été abondamment souligné par un auteur comme R. Chandebois (Chandebois, 1989) qui insiste sur le rôle essentiel, dans cette aventure embryonnaire, de facteurs encore mal connus du cytoplasme de l'œuf fécondé et en déduit qu'existe, sous la commande de ces facteurs cytoplasmiques, un déterminisme assez strict dans l'évolution. Une telle influence de facteurs cytoplasmiques, non exclusive des thèses épigénétiques de Danchin, aboutit également à refuser le rôle prépondérant du hasard dans l'évolution et à en accentuer le caractère de nécessité. Les thèses de Chandebois appellent cependant des réserves importantes. Il ne m'est évidemment pas possible d'accepter toutes les idées de cet auteur : certaines vont jusqu'à une réfutation de l'influence des gènes sur l'évolution, qui sont en contradiction flagrante avec les propos évolutifs sur lesquels je m'appuie. Force est cependant d'admettre, comme elle, l'importance capitale et insuffisamment étayée par la science actuelle de certaines caractéristiques cytoplasmiques, dans le devenir de l'être et son évolution ultérieure (Chandebois, 1992). Qu'il soit clair cependant que, si je me réfère ici à certaines des idées de Chandebois qui me paraissent justes, je n'adhère pas nécessairement à l'ensemble de sa réflexion, dont certains aspects me paraissent, scientifiquement et épistémologiquement, insoutenables.

Une seconde thèse évolutive pourrait également présenter une certaine parenté avec celle que je défends. Il s'agit du principe anthropique proposé en 1974 par Carter (Carter, 1974). Selon ce principe, l'existence même de la complexité de l'homme implique une certaine organisation de l'univers ; puisque l'homme existe, le monde doit être tel que l'homme puisse exister. Cette thèse est souvent présentée comme un argument en faveur de positions spiritualistes, qui la poussent à l'extrême pour affirmer que le monde existe... pour l'homme (au moins implicitement, créé par Dieu). Malgré une parenté apparente, la thèse que je défends se démarque donc très nettement du principe anthropique en ce sens qu'elle se veut le résultat d'une observation, aussi objective que possible, de l'évolution du monde dans ses différentes étapes et non pas la constatation, *a posteriori*, de sa justification par la complexité de l'homme. Ma thèse reste valable même s'il n'y a pas d'espèce humaine au bout de l'évolution ! Elle pourrait se défendre tout aussi bien à propos d'autres systèmes planétaires, où l'évolution des composés du carbone aurait pu conduire à des êtres, certes juxtaposés et intégrés, mais assez différents de l'homme, comme je le mentionnerai un peu plus loin. Cette vision colle davantage aux faits et perd, par suite, une partie du dogmatisme ou de l'arbitraire que l'on pouvait reprocher au principe anthropique. Dans la thèse que je soutiens, c'est la construction qui produit la finalité et non pas le contraire. Enfin, on verra un peu plus loin que cette conception aboutit à une infinité de chemins évolutifs possibles (voir plus loin l'étude de la variabilité) alors que le principe anthropique conduit plutôt à l'idée d'un chemin évolutif unique. Finalement, ma thèse ne vise donc qu'à offrir une compréhension du monde, indépendante de, et donc compatible avec, des positions métaphysiques variées ; elle ne vise en aucun cas, contrairement à certaines interprétations du principe anthropique, à étayer un système philosophique spiritualiste. Malgré une certaine parenté formelle, il importe donc de bien distinguer les deux approches.

Finalement, pour résumer l'argumentation développée jusqu'ici, je pense avoir montré que l'évolution séquencée du vivant vers une complexité croissante résulte du mode d'organisation même de la matière tout court, puis de la matière vivante. Pour cette dernière, c'est la chimie du carbone, véritable atome adhésif, qui permet la naissance d'édifices de molécules de plus en plus complexes. Lorsque ces édifices carbonés ont produit des cellules (évolution prébiotique), le mode d'organisation des structures vivantes fait que, par l'application répétée du principe de juxtaposition-intégration, les espèces évoluent inexorablement vers une complexité croissante. L'ensemble de cette évolution est donc finalisée par les éléments de base de sa construction : les particules aboutissent inéluctablement aux atomes, dont fait partie le carbone, qui donne inéluctablement la vie, qui évolue inéluctablement vers la complexité croissante. Il s'agit d'une conception déterministe stricte ou « nécessaire » au sens donné par Monod au terme « nécessité ».

On peut remarquer que ce déterminisme inéluctable, cette finalité aveugle, produits par quelques règles de construction définies au départ, ont été analysés par Daniel Dennett (Dennett, 2000) en ce qui concerne l'évolution (darwinienne) des espèces vivantes. Dennett remarque, à juste titre, que ce qui est révolutionnaire dans la thèse darwinienne, c'est que « le dessein peut émerger de l'ordre simple par l'intermédiaire d'un processus algorithmique qui ne fait aucun usage de l'idée d'esprit préexistant » (p. 95). On retrouve là, formulée en d'autres termes, l'idée que je défends d'une finalité dérivée de règles simples (Dennett utilise le terme d'« algorithme »). Mais, contrairement à Dennett qui limite ses vues à l'évolution des espèces vivantes, je propose d'étendre cette conception à l'évolution générale du monde, évolution inorganique comprise. Les animaux et l'homme ne trouvent pas seulement leur origine dans leurs parents animaux, mais aussi dans leurs grands-parents minéraux. Et cette évolution minérale, antérieure à l'évolution darwinienne, contient, elle aussi, une finalité dans sa construction.

*Limites de l'intégration
et persistance des mosaïques*

Revenons à l'évolution biologique et arrêtons-nous un instant sur la description de ces structures juxtaposées et en cours d'intégration. Vues sous l'angle de la juxtaposition, ce sont des structures d'ordre supérieur où les structures de base, celles qui se juxtaposent, ont un statut égal. L'intégration au contraire crée des différences et une hiérarchie. Différences, puisque les structures de base ne sont plus toutes identiques ; hiérarchie, puisque certaines d'entre elles vont assurer le contrôle et les commandes de fonctionnement de la structure d'ordre supérieur. Entre la juxtaposition juste acquise et l'intégration parfaite dans une structure d'ordre supérieur (si tant est que cette intégration parfaite puisse effectivement être atteinte) se situent de longs laps de temps où l'intégration est en cours, mais où les structures de base gardent, vis-à-vis de la hiérarchie, une très large autonomie. C'est le terme de « mosaïque » qui paraît le mieux décrire cet état. La mosaïque, au sens usuel du terme, est un assemblage de cubes multicolores dessinant un motif géométrique ou une représentation figurative. Selon cette métaphore, l'intégration de l'entité d'ordre supérieur constitue le motif ou la représentation alors que les cubes colorés sont les entités d'ordre inférieur. S'ils étaient tous de la même couleur, il y aurait simple juxtaposition ; puisque l'on perçoit un dessin, c'est bien qu'il y a une forme d'intégration. Mais l'individualité du cube coloré persiste malgré l'intégration. Il ne s'agit pas d'un motif ou d'une représentation sans rupture qui serait l'image d'une intégration parfaite, mais le résultat d'une multitude d'individualités persistantes. Pour qualifier cet état de mosaïque chez les êtres vivants, je serai amené à utiliser plus loin le terme de « mosaïcité ».

On peut, dans le monde animal, multiplier les exemples de ces intégrations en mosaïque. Chez les siphonophores, qui sont des colonies complexes d'animaux à deux feuillets flottant à la surface des océans, la colonie comporte des entités de base voisines des polypes ou des méduses dont chacune a une large autonomie. En un sens plus intégré, le ver de terre de nos jardins présente cependant une délocalisation de certains processus physiologiques dans ses segments : ainsi chaque segment garde son autonomie pour l'excrétion et aussi pour la mémoire de certains apprentissages. Même les êtres qui paraissent les mieux intégrés comme les vertébrés ou les insectes tolèrent des autonomies de fonctionnement locales. Les globules blancs disposent d'une mobilité individuelle à l'intérieur du corps. Les systèmes nerveux périphériques assurent des réponses qui présentent un large degré d'autonomie par rapport au système nerveux central.

Enfin, si l'on prend comme entité d'ordre supérieur non plus l'individu mais la colonie, le constat d'autonomie des parties (c'est-à-dire dans ce cas des individus qui constituent la colonie) est également apparent. Montrons-le sur des colonies d'insectes sociaux comme les abeilles ou les termites par exemple. Dans ces colonies, on constate l'existence d'une mosaïque sociale où des individus (ouvrières chez les abeilles, ouvriers et soldats chez les termites) sont juxtaposés et effectuent, en parallèle, c'est-à-dire à niveau hiérarchique égal, les tâches d'entretien, de survie ou de défense de l'ensemble. Ces individus juxtaposés sont « à la disposition » de la reine dont ils assurent le service en vue de sa fonction reproductrice. La colonie est donc fortement intégrée autour de la fonction de reproduction de la reine. Mais les individus qui constituent, en nombre, la majorité écrasante de la colonie disposent, puisqu'ils sont séparés physiquement de la reine, d'une autonomie de mouvement à l'intérieur comme à l'extérieur de la colonie. Celle-ci est certes fortement intégrée autour de la reine, mais l'individualité même des ouvriers ou des soldats traduit une limite à cette intégration et la persistance d'une situation en mosaïque où chaque animal conserve une large autonomie.

Tous ces exemples amènent donc la conclusion que toute insuffisance d'intégration se traduit par la persistance de mosaïques. C'est vrai pour la morphologie des animaux et l'organisation sociale des colonies ; on verra plus loin que c'est vrai aussi dans d'autres domaines.

Variabilité, binarité

Comme on l'a vu, affirmer que la vie est finalisée par construction ne doit pas laisser croire que notre modèle d'évolution est le seul possible. Au contraire, la multiplicité des chemins parcourus par l'évolution terrestre suggère des possibilités presque infinies d'évolutions. Cette multiplicité des chemins, ce « jeu des possibles » pour reprendre la belle expression de François Jacob (Jacob, 1991), cette variabilité intrinsèque est aussi une divergence fondamentale avec le principe anthropique de Carter. La chimie du carbone, puis les édifices génétiques qui en sont issus, offrent, selon les conditions du milieu, les prémices d'une combinatoire presque illimitée, d'un jeu des possibles presque infini, dans l'expression des formes de vie. En d'autres termes, la vie inclut aussi dans sa construction une variabilité intrinsèque, qu'on qualifie souvent de « biodiversité » (Parizeau, 1997b). Cette variabilité s'appuie à la fois sur des mécanismes génétiques, et, plus encore, sur des mécanismes épigénétiques. Ces derniers sont dus, en ce qui concerne les tout premiers stades du développement, au contexte cellulaire dans lequel les gènes effectuent leur travail. Ce contexte cellulaire, c'est l'environnement chimique immédiat de ces gènes, qui résulte notamment du cytoplasme maternel et des substances avec lesquelles la cellule a pu être mise en contact, ce que Bally-Cuif appelle « l'histoire de la cellule » (Bally-Cuif, 1995) (p. 113). Ensuite intervient le contexte général de l'individu, son histoire personnelle. Pour l'embryon, ce contexte comprend les rencontres avec des molécules variées dans le sein maternel ou dans l'œuf où il se développe, les influences physiques externes, qui, malgré la protection de l'œuf ou de la mère, peuvent parvenir jusqu'à lui, voire les maladies qu'il peut contracter. Pour le petit après l'éclosion ou après la naissance, ce contexte comprend les stimuli qui proviennent de l'environnement physique, les maladies contractées, l'éducation donnée par les parents ou les proches, puis les interactions ludiques, agressives ou sexuelles avec des partenaires de son espèce, voire avec des animaux d'espèces différentes.

Je ne décrirai pas ici dans le détail la façon dont la vie produit de la variabilité, renvoyant pour cela au livre de François Jacob *Le Jeu des possibles* (Jacob, 1991). Je rappellerai ici quelques-unes de ses thèses qui confortent l'argumentation du présent essai. Il montre comment, à un niveau donné de l'organisation du vivant, par exemple dans le groupe des vertébrés auquel nous appartenons, le mode de fonctionnement du vivant aboutit à réutiliser les mêmes structures ou les mêmes organes pour des fonctions différentes. Il cite par exemple le poumon des vertébrés aériens apparu chez des poissons qui ont pris l'habitude d'avaler de l'air et de progressivement dilater leur œsophage. Le même organe d'origine va donc être utilisé pour deux fonctions différentes (absorption des aliments et respiration), ce que Jacob appelle le « bricolage » de l'évolution : « Fabriquer un poumon avec un morceau d'œsophage, cela ressemble beaucoup à faire une jupe avec un rideau de grand-mère » (p. 67). Un tel bricolage peut aussi être observé à l'échelon des molécules, comme la réutilisation de séquences d'ADN modifiées qui sont amenées à jouer un autre rôle, de la même manière que le morceau d'œsophage était amené à jouer le rôle de poumon. En d'autres termes, la nature crée la diversité « en combinant sans fin les mêmes morceaux et les mêmes fragments » (p. 73). Dans cette combinatoire, dans ce bricolage, on peut trouver des mécanismes que l'on pourrait appeler de « juxtaposition-différenciation » : deux morceaux d'œsophage, à l'origine juxtaposés et identiques, donnent finalement un morceau d'œsophage et un morceau de poumon ; deux séquences d'ADN, à l'origine juxtaposées et identiques, donnent finalement deux séquences modifiées dont les effets biochimiques seront différents. Alors qu'au niveau des êtres vivants entiers, j'avais souligné l'importance du principe de juxtaposition-intégration, au niveau des parties d'êtres vivants que sont les organes, les organites qui composent la cellule ou les réactions chimiques du métabolisme cellulaire, on peut relever une sorte de principe de juxtaposition-différenciation, qui constitue le pendant, au niveau de la partie, de ce que serait le principe de juxtaposition-intégration au niveau du tout.

Toujours en ce qui concerne la variabilité du vivant, il faut sans doute souligner le rôle important de la reproduction sexuée qui, par les réarrangements qu'elle permet entre les caractères de deux partenaires sexuels, offre à la variabilité des possibilités beaucoup plus grandes que ne le permettrait la reproduction asexuée. Comme le remarque François Jacob, la sexualité, qui multiplie le divers, peut être considérée comme « une machine à faire du différent » (p. 23). Par la diversité qu'elle entraîne et les potentialités qu'elle multiplie, l'adaptation d'une population sexuée aux changements de l'environnement est meilleure que celle d'une population non sexuée : « La diversité est une façon de parer au possible. Elle fonctionne comme une sorte d'assurance sur l'avenir » (p. 117). En même temps, comme il ne peut y avoir de sélection évolutive qu'entre des choses différentes, la variabilité, point d'aboutissement d'un moment de l'évolution des espèces, est aussi le point de départ d'étapes ultérieures. Mais, dans ce mouvement évolutif qui constitue l'histoire de la vie, « une population pourvue de sexualité peut évoluer plus vite qu'une population qui en est dépourvue » (p. 23).

La variabilité du vivant, c'est donc en quelque sorte l'image de l'histoire de la vie. Mais la variabilité du vivant, c'est aussi, d'une certaine manière, l'image de l'histoire de la Terre, dont la vie et les espèces vivantes servent de révélateur. Tous les facteurs mentionnés ci-dessus qui font référence à l'environnement traduisent cette influence de la Terre. Certes à l'échelle d'un individu ou d'une génération, la Terre change peu. Mais à des échelles de temps géologiques, on voit mieux comment l'évolution des climats, la dérive des continents, voire certains cataclysmes de l'environnement ont pu conduire à la modification des populations et des espèces, à l'apparition ou à la disparition de certains groupes d'animaux. La disparition des grands reptiles à la fin de l'ère secondaire en est l'exemple le plus connu. Elle est due, semble-t-il, non pas, comme on l'a souvent affirmé, à l'arrivée d'une météorite, mais très probablement à des éruptions volcaniques massives qui, en opacifiant l'atmosphère par des nuages de poussière, ont indirectement conduit à un refroidissement du climat. Courtillot montre ainsi que des phénomènes volcaniques cycliques, liés à l'évolution du magma terrestre, ont entraîné des disparitions d'espèces à différents moments de l'histoire de la vie (Courtillot, 1995) :

« Cette cyclicité serait-elle une des signatures, un "pouls" de la dynamique terrestre ? » se demande-t-il fort justement (p. 173).

Sur un plan plus philosophique, cette variabilité du vivant, c'est, en fin de compte, une création d'altérité, le fait qu'une structure donne naissance à des collections de structures filles, toutes différentes les unes des autres comme de la structure mère. L'évolution est donc porteuse d'altérité. Mais en même temps, elle est synonyme de lutte pour la vie (« struggle for life », selon la formule chère à Darwin), qui fait que chaque type de structure, voulant préserver son être propre, tend à s'opposer vigoureusement aux structures sœurs, à rejeter ce qui est très proche mais n'est pas exactement son semblable. Certes une marge d'acceptation de l'altérité existe bien, notamment à l'intérieur des espèces, mais dans certaines limites. Toutes les nuances que l'on peut apporter n'enlèvent rien à l'affirmation principale.

Dans le cadre de la vie telle que nous la connaissons, c'est-à-dire en ce qui concerne la morphologie terrestre, le spectacle du monde vivant montre que de nombreux plans d'organisation sont possibles. En ce qui concerne la morphologie, on connaît des divisions en trois parties (corps d'animaux actuels comme les limules ou fossiles comme les trilobites, où l'on reconnaît, dans le sens longitudinal, une division en trois), en cinq (étoiles de mer à cinq bras), en six (alvéoles des abeilles)… La division en quatre n'est pas un argument à cet égard, car elle revient à deux fois deux. En ce qui concerne la division fonctionnelle du travail, on connaît des animaux offrant de multiples types sexuels (on n'ose pas dire de « sexes ») comme certains protozoaires. D'une certaine manière, la vie a exploré toutes les possibilités, morphologiques ou fonctionnelles, compatibles avec l'environnement terrestre.

Il reste cependant que la binarité, c'est-à-dire la division, morphologique ou fonctionnelle, en deux, est le mode d'organisation de très loin le plus répandu. Il semble y avoir à cela une raison spatiale et une raison conceptuelle. Pour l'aspect spatial, il repose sur le fait que les êtres vivants évoluent, pour la plupart, dans un plan. Or un plan possède deux dimensions. Toute mobilité par exemple (et on a vu plus haut l'importance de la mobilité dans l'évolution vers la complexité) suppose l'apparition, par rapport à la direction du mouvement, d'une gauche et d'une droite, donc d'une binarité morphologique, qui peut, à terme, devenir fonctionnelle. Pour l'aspect conceptuel, il résulte de la simplicité même de l'interaction binaire. L'interaction entre deux entités offre une plus grande simplicité que celle entre trois entités ou davantage. D'où finalement l'importance de la binarité dans la morphologie et le fonctionnement des espèces vivantes qui nous entourent. Binarité que l'on retrouve, bien sûr, aussi chez l'homme, dont le corps, symétrique, comporte un certain nombre d'organes pairs, et qui, pour la fonction sexuelle, possède deux sexes, comme l'immense majorité des animaux sexués !

Sommes-nous seuls dans l'univers ?

L'extrême variété des constructions à partir du carbone que sont les êtres vivants, telle qu'elle apparaît sur Terre dans son infinie diversité, conduit aussi à s'interroger sur ce que pourrait être la vie si elle apparaissait ailleurs dans l'univers. L'existence même de composés carbonés dans les comètes suggère que, si des conditions comparables de température, de pression et de protection contre les effets destructeurs de rayons cosmiques, ont été réalisées dans d'autres planètes de l'univers, il n'y a aucune raison pour que la vie n'y soit pas apparue. Autant que l'on puisse juger, dans l'état actuel de nos connaissances, cela n'a pas été le cas ailleurs dans notre système solaire où les êtres vivants qui peuplent la Terre semblent être les seuls. Mais compte tenu de la quantité inimaginable de planètes présentes dans l'univers, il est difficile de refuser d'admettre que certaines puissent offrir des conditions physico-chimiques proches de celles de la Terre, et en vertu même des principes de nécessité que j'ai développés, il paraît très peu vraisemblable que de nombreux êtres carbonés ne se soient pas formés et multipliés ailleurs dans l'univers.

C'est là, on le sait, un thème très prisé des auteurs de science-fiction qui, souvent, sautent allégrement le pas pour proposer non seulement des extra-terrestres, mais même des extra-terrestres très semblables à nous ! Je citerai par exemple Jacques Dixmier (Dixmier, 1993) : « La vie est répandue dans l'Univers entier et chaque fois qu'elle a émergé, elle s'est épanouie en une civilisation construite sur le même moule biologique et culturel que la civilisation terrienne » (p. 92). Des suppositions identiques ont été faites par de nombreux écrivains d'anticipation comme par les séries cinématographiques ou télévisées célèbres que sont *Star Trek* ou *La Guerre des étoiles*. Or les auteurs de science-fiction qui proposent, comme Dixmier, des extra-terrestres aux caractères humanoïdes, formulent en fait une métaphore philosophique permettant de décrire, de façon romancée, le comportement de l'homme face a d'autres espèces imaginaires aux performances comparables. Les espèces d'extra-terrestres sont en fait des prétextes à une méditation sur l'homme. Sur le plan de la réflexion scientifique, dont veut s'inspirer le présent essai, si l'on cherche à extrapoler ce qui ressort des connaissances scientifiques actuelles, il n'est évidemment pas possible de formuler de telles thèses. La diversité même des adaptations réalisées, sur Terre, par des animaux aussi différents que l'abeille, la pieuvre ou le chimpanzé, laisse imaginer l'immense diversité possible dans l'évolution d'êtres carbonés dans des conditions d'environnement, certes proches, mais cependant différentes des nôtres ! On peut donc formuler, à propos de ces métaphores des auteurs de science-fiction, la même objection que celle mentionnée pour le principe anthropique de Carter : alors que le principe anthropique conduisait (comme le font souvent implicitement les écrits de science-fiction) à l'idée d'un chemin évolutif unique, il existe en fait une infinité de chemins évolutifs possibles. François Jacob (Jacob, 1991) fait, fort justement, remarquer que « la conception darwinienne a […] une conséquence inéluctable : le monde vivant aujourd'hui, tel que nous le voyons autour de nous, n'est qu'un parmi de nombreux possibles » (p. 33). Puisque son aspect actuel résulte de l'histoire de notre planète, « il aurait très bien pu être différent. Il aurait même pu ne pas exister du tout ! » (p. 33). À partir des mêmes prémisses, on peut imaginer une infinité de mondes vivants possibles sur des planètes aux conditions d'environnement physique analogues à la nôtre.

Pour bien souligner la diversité de ces chemins évolutifs possibles, je voudrais mentionner un groupe d'êtres vivants très importants et très différents de nous, dont je parle peu dans le présent ouvrage. Il s'agit des plantes. Parce que nous sommes des animaux, parce que le présent ouvrage est une réflexion sur la complexité du monde, j'ai été conduit à insister sur les êtres vivants qui paraissent les plus complexes, c'est-à-dire les animaux, au moins ceux qui occupent les paliers les plus élevés de leur arbre généalogique (figure 1), ceux dont le système nerveux offre les meilleures possibilités d'interaction avec le monde. Mais l'ensemble des plantes est là pour nous montrer que l'organisation des molécules carbonées peut aboutir à des êtres très différents et tout aussi adaptés (voire mieux, comme je vais le suggérer ci-dessous) à leur environnement. En ce qui concerne les capacités de subsistance des êtres vivants, on oppose en effet, classiquement, les êtres dits « autotrophes » qui peuvent subsister en utilisant uniquement des produits minéraux et de l'énergie solaire, et les êtres dits « hétérotrophes » qui ont besoin de consommer de la matière vivante. Dans ce dernier cas, la matière vivante est prélevée sur des êtres vivants morts ou encore en vie (on parle alors de « parasitisme »). La plus grande partie des végétaux sont autotrophes et, en ce sens, ils sont mieux adaptés à leur environnement que les animaux qui sont tous hétérotrophes et ne peuvent vivre que dans un monde où des végétaux fabriquent déjà de la matière vivante. L'ensemble des animaux vit donc aux dépens des végétaux. Ou encore : les végétaux n'ont besoin d'aucun autre être vivant pour se développer ; ils sont, en ce sens, mieux adaptés à la colonisation des milieux physiques qui ne disposent que de matière et d'énergie. Dans un livre plein d'humour intitulé *Éloge de la plante* (Hallé, 1999), Francis Hallé insiste justement sur ce qui fait, sur Terre, le succès des plantes par rapport aux animaux dans des domaines aussi variés que la forme (la plante s'étale alors que l'animal se ramasse sur lui-même), la biochimie ou la reproduction (beaucoup plus riches et variées dans les groupes végétaux). En ce qui concerne la question posée ici, celle du peuplement éventuel d'autres planètes par des systèmes vivants, ces considérations nous amènent à penser que les évolutions vers un mode autotrophe (de type « plante ») sont sans doute beaucoup plus faciles dans l'univers (et donc plus fréquentes) que les évolutions vers un mode hétérotrophe. L'exemple des plantes paraît, en tout cas, tout à fait pertinent pour montrer que la multiplicité des chemins évolutifs peut conduire à des êtres carbonés assez différents des animaux qui font l'objet de ce livre.

Il reste cependant que ces nombreux chemins évolutifs possibles, dont les végétaux sont un exemple remarquable, s'ils aboutissent à des êtres mobiles, capables d'interagir de façon complexe avec leur environnement, comme le font les animaux terrestres, doivent posséder un certain nombre de caractères communs, parce qu'ils reposent sur les mêmes bases chimiques, les mêmes « briques » de construction, c'est-à-dire l'architecture de molécules carbonées. Ou encore, parce que les lois de la thermodynamique qui président à leur évolution, dans des gammes de température et de pression comparables à celles de la Terre, qui sont celles où ils ont pu évoluer, sont les mêmes que chez nous. Je détaillerai, un peu plus loin, cette question des lois de la thermodynamique appliquée au vivant, mais ces précisions n'importent pas ici. Si l'on adopte les thèses que j'ai défendues dans cet essai, on retrouve donc, à propos de la prédiction d'évolutions de la vie ailleurs dans le cosmos, la même argumentation qui conduit à défendre, sur Terre, l'évolution de la vie par nécessité, au sens que donne Monod à ce terme. Si l'on suit ce raisonnement, on peut donc en déduire que d'autres évolutions, ailleurs dans l'univers, dans des conditions comparables à celles de la Terre, aboutiraient à des êtres vivants certes très divers et très différents de ceux que nous connaissons, mais toujours de plus en plus complexes, parce que construits sur le principe de juxtaposition-intégration, avec persistance en leur sein de « mosaïques » limitant les avancées de l'intégration.

Enfin, si l'on veut s'aventurer un peu plus dans la spéculation sur ce que pourraient être de tels êtres carbonés mobiles, certes différents de nous mais reposant sur un certain nombre de principes d'organisation communs, on peut imaginer un certain parallélisme temporel entre leur évolution et la nôtre. Comme on l'a vu plus haut, depuis le Big Bang, le cosmos a évolué de façon séquencée vers des entités qui ont pu acquérir localement une complexité croissante. Mais il a fallu qu'apparaissent d'abord des particules, puis des molécules, puis que certains des lieux du cosmos se refroidissent suffisamment pour permettre l'apparition d'ensembles carbonés complexes (chez nous sur Terre, les cellules), puis que l'application répétée du principe de juxtaposition-intégration à ces ensembles carbonés amène des entités complexes (chez nous sur Terre, les animaux dits « supérieurs »). Toutes ces étapes supposent du temps. On peut donc raisonnablement imaginer que des évolutions vers des êtres carbonés complexes, ailleurs dans l'univers, ont traversé, pour ce faire, des étapes successives comparables à celles qu'ont traversées nos ancêtres. Si les ordres de temps nécessaires aux différentes étapes sont comparables, on peut imaginer que ces évolutions sont parvenues à des stades de complexité pas très différents du nôtre. À quelques millions d'années près, bien sûr.

Certes, toutes ces hypothèses, dans la mesure où elles ne sont pas actuellement vérifiables au sens donné par Popper, restent clairement hors du domaine de la science. Mais dans le domaine de la spéculation à partir de la science qui est le nôtre dans cet essai, il n'est pas interdit de souligner ce qui me paraît être leur plausibilité rationnelle.

La non-rationalité apparente de la vie

Arrêtons-nous maintenant un instant sur une conséquence possible sur l'homme de cette évolution cosmique vers la complexité. L'un des privilèges de l'homme est la pensée rationnelle. D'où provient-elle ? Y-a-t-il une sorte de rationalité du monde dont l'homme serait en quelque sorte l'héritier ? Ou bien la rationalité de l'homme est-elle une acquisition qui lui est propre et sans aucun rapport avec les processus qui ont amené l'apparition de l'espèce humaine et que j'ai tenté de retracer à grands traits ?

Il apparaît tout d'abord que le monde physique est soumis à des lois dont je voudrais montrer qu'elles sont, en quelque sorte, les racines de la rationalité. Non pas que je défende ici l'idée, proche de la pensée spinoziste, d'un monde physique pensant, mais parce que, de façon très générale, les lois physiques présentent des caractères de nécessité, tels que, dans des conditions identiques, une même cause produit toujours le même effet. Elles offrent donc la possibilité d'une prévision. De ce point de vue, le rationalisme, c'est d'abord la perception du déterminisme inéluctable du monde.

Parmi ces lois physiques, il en est une que je voudrais mentionner, car elle va servir à mon argumentation ; il s'agit du fait que, en thermodynamique, les systèmes physiques isolés tendent vers ce qu'on appelle « l'entropie maximum », ce qu'on peut traduire par un état où « l'énergie est sous sa forme la plus appauvrie ». Il n'est pas aisé de faire comprendre en termes concrets la signification de cette grandeur physique abstraite qu'est l'entropie. Imaginons que l'énergie se trouve sous plusieurs formes (énergie thermique, mécanique, potentielle, chimique, etc.). Passer de formes « riches » à des formes plus « pauvres » signifie que l'on passe aisément de certaines formes d'énergie vers d'autres mais que le chemin inverse n'est pas possible. Une analogie commode est celle de la pierre qui roule le long d'un flanc de montagne. Elle peut descendre d'une position haute à une position plus basse, mais pas le contraire. Lorsqu'elle est au creux du vallon, elle ne peut plus remonter. Ce creux du vallon est l'image de l'entropie maximum, correspondant à l'énergie mécanique. Pour faire comprendre ce qu'est l'entropie, on ajoute aussi souvent, de façon imagée, mais sommaire, que l'évolution vers l'entropie maximum revient à une évolution vers un désordre croissant. Comme toutes les images, celle-ci est partiellement inexacte, puisque, comme on le verra plus loin, l'ordre ne peut se ramener directement à un simple niveau d'énergie. Mais conservons provisoirement cette analogie partiellement fausse qui permet au moins de fixer les idées.

À cette histoire vieille comme le monde s'ajoute une histoire vieille comme la vie. Les êtres vivants apparaissent comme des systèmes paradoxaux qui ne semblent pas obéir à ces lois du monde, qui paraissent ne pas suivre cette loi de l'entropie maximum : ils évoluent vers une complexité croissante et leur fonctionnement s'oppose, tant qu'ils restent en vie, au nivellement thermodynamique de l'entropie qui, comme on vient de le voir, caractérise la plupart des systèmes physiques. D'où cet apparent paradoxe de la vie, abondamment souligné par de nombreux auteurs. Avec notamment les travaux de Prigogine (Prigogine, 1967) ou de Schoffeniels (Schoffeniels, 1973), que j'ai déjà mentionnés plus haut, on sait aujourd'hui que rien dans le fonctionnement des êtres vivants ne vient contredire les lois générales de la thermodynamique ou, plus généralement, les lois physiques du monde. Il n'est nullement nécessaire « de déroger aux principes et aux lois de la thermodynamique [...] pour comprendre [...] les possibilités de formation, de stabilisation, d'évolution, de transformation, d'extinction et même de scission de structures au sein d'un domaine » (Matras et Chapouthier, 1981) (p. 121). Mais alors, dans le cas des êtres vivants, il faut décrire les processus thermodynamiques comme ayant trait à un système ouvert, un système qui échange avec son environnement de la matière et de l'énergie (par opposition au système fermé qui n'échange que de l'énergie et au système isolé qui n'échange rien), et donc pour qui le bilan thermodynamique n'est absolument pas comparable à celui des systèmes isolés : alors que le système isolé ne pouvait que dégrader, petit à petit, son entropie pour aller vers un état d'entropie maximale, le système ouvert qu'est l'être vivant peut, grâce à la matière et à l'énergie qu'il absorbe, remonter vers des niveaux d'entropie supérieurs, aller localement dans un sens opposé à celui du reste du monde, bref devenir de plus en plus organisé (Matras et Chapouthier, 1981).

Dans la discussion de la « complexité par nécessité », on a montré que cette complexité progressive (locale) du monde, puis du vivant, était déjà en germe dans les lois physiques, puisque l'apparition puis l'évolution de la vie vers des êtres de plus en plus compliqués était, non pas le fruit d'un hasard comme l'avait pensé Monod (Monod, 1970), mais celui d'une nécessité par construction. Bien entendu, une telle conception déterministe n'exclut pas l'influence du hasard dans le détail d'une forme de vie plutôt qu'une autre, d'un être vivant plutôt qu'un autre. On peut également imaginer une intervention du hasard à un échelon plus élémentaire, dans les fluctuations mêmes que tout phénomène physico-chimique peut connaître et qui, pour des auteurs comme Schoffeniels (Schoffeniels, 1973), pourraient conduire (dans des conditions que l'auteur ne détaille pas et qui resteraient certes à préciser), aux différences macroscopiques. En d'autres termes, ce sont les poids respectifs du hasard et de la nécessité qu'il faut réévaluer à ce propos. Monod donnait, en quelque sorte, le primat au hasard sur la nécessité alors que la thèse que je défends donne clairement le primat à la nécessité sur le hasard.

On peut rapprocher cette idée des thèses développées par le physicien thermodynamicien Jacques Tonnelat. Cet auteur, après avoir analysé finement les principes thermodynamiques et conclu, dans ses premiers ouvrages, à un désordre thermodynamique maximum auquel la vie ferait exception (Tonnelat, 1977-1978), a proposé plus récemment des thèses originales selon lesquelles l'ensemble du monde, et plus seulement la vie, irait vers une complexité croissante. Certes, les thèses de Tonnelat sont originales (et minoritaires) par rapport à la pensée prévalente sur ces questions. Mais comme Tonnelat semble, à notre époque, l'un des rares auteurs à avoir vraiment réfléchi à ces problèmes, il paraît légitime de lui rendre ici la place qu'il mérite. Pour lui (Tonnelat, 1995) l'évolution d'un système aboutit à un état qui, d'un point de vue thermodynamique, ne peut être quelconque : « Il présente nécessairement une certaine singularité, donc un certain ordre » (p. 215). Il s'ensuit que, par agitation thermique, « l'existence d'une structure simple ouvre la possibilité de formation de structures plus complexes » (p. 215). Ces thèses ne sont surprenantes qu'en apparence puisque le système évoqué par Tonnelat est un système fermé qui reçoit de l'énergie sous forme d'agitation thermique, et qu'il peut donc évoluer vers une plus grande complexité. Ces thèses permettent aussi à Tonnelat de souligner l'importance du hasard dans l'évolution des entités prébiotiques, ces entités qui mènent aux premières cellules vivantes et dont j'ai décrit plus haut ce qu'on peut en imaginer. Puisqu'elles insistent sur le hasard, ces thèses pourraient apparaître, à tort, comme confortant la position de Monod. Il n'en est rien, car elles ne contredisent en rien les réflexions que j'ai élaborées plus haut sur l'apparition de structures de plus en plus complexes « par nécessité », puisque fondées sur les propriétés particulières des molécules de carbone. Elles ne sont donc pas contradictoires avec notre thèse d'ensemble affirmant le primat de la nécessité dans la genèse du vivant. Mais elles permettent une interprétation fine et argumentée du rôle du hasard dans les détails particuliers de la formation d'une forme de vie plutôt qu'une autre, d'un être vivant plutôt qu'un autre. En outre, les thèses de Tonnelat mettent en question l'idée classique que tout dans le monde physique va nécessairement vers le désordre thermodynamique ; elles suggèrent la possibilité d'îlots de complexité (ou d'ordre) qui donneraient, comme les êtres vivants, l'impression de ne pas obéir au nivellement thermodynamique. Il reste que, selon ces thèses, dans la partie de l'espace qui est aujourd'hui connue par l'homme, seules les structures vivantes présentent une complexité telle qu'elles donnent l'illusion de ne pas obéir à un nivellement thermodynamique. Seules les structures vivantes répondent donc à la définition des îlots de complexité proposés par les théories de Tonnelat. Ces théories ne mettent donc pas en cause celles qui sont développées dans le présent ouvrage. Elles attirent cependant l'attention sur le fait que le nivellement thermodynamique global tolère des exceptions locales.

Quoi qu'il en soit, et quelle que soit la solution définitive apportée aux controverses qui persistent entre spécialistes sur la thermodynamique du monde, l'édifice scientifique actuel permet d'évacuer définitivement une interprétation vitaliste des phénomènes vivants : en effet, aucune loi de la vie n'est en contradiction avec les lois de la physique. Et les travaux de Tonnelat montrent que même la complexité peut être interprétée dans le cadre de ces lois.

Remarquons que j'entends ici le vitalisme dans

son sens classique. Certains auteurs, et notamment Canguilhem (Canguilhem, 1967), lui ont donné une acception plus limitée en l'associant, non pas à une indépendance de la vie à l'égard des lois de la matière inerte selon laquelle « le vitaliste classique admet l'insertion du vivant dans un milieu physique aux lois duquel il constitue une exception » (p. 95), mais à une simple autonomie du vivant par rapport à l'inerte. En d'autres termes, Canguilhem revendique une forme de vitalisme qui respecterait le fonctionnement fondamental des lois du monde, une sorte de dialectique de la nature : « Finalement l'interprétation dialectique des phénomènes biologiques [...] est justifiée » (p. 99). Si le discours de Canguilhem est convaincant et correspond tout à fait aux thèses défendues ici sur l'originalité du vivant, on peut cependant penser qu'en reprenant le terme « vitalisme » dans un autre sens – qui pourrait être acceptable aujourd'hui –, il introduit une ambiguïté terminologique à l'égard du sens classique du vitalisme, qui, lui, ne peut en aucun cas être acceptable de nos jours. Pour cette raison, il vaudrait sans doute mieux éliminer le mot « vitalisme », au sens donné par Canguilhem, d'une discussion sur les rapports du monde vivant et du monde inerte, pour s'en tenir strictement à la définition classique et donc obsolète du terme.

Il reste cependant que, comme l'avait suggéré Canguilhem, la logique de ces systèmes complexes que sont les systèmes vivants, même si elle se ramène en fin de compte à des lois physiques, semble contredire, dans son fonctionnement, l'évolution des systèmes physiques vers davantage d'entropie ou vers moins de complexité. La vie qui se perpétue, qui maintient son originalité et sa complexité extrême face au nivellement thermodynamique du monde, semble jeter un défi philosophique. La logique du vivant, pour reprendre l'expression célèbre de François Jacob (Jacob, 1971), donne l'illusion de se démarquer de la logique générale du monde environnant, en ce sens qu'elle entretient, au sein d'un univers de complexité plus faible, des îlots de (grande) complexité croissante. Comme on l'a vu, cette contradiction, qui résulte de la chimie originale du carbone, atome adhésif par ses quatre valences et qui permet la construction d'édifices complexes – les êtres vivants – n'est qu'apparente. Les édifices carbonés obéissent certes aux lois de la physique, mais ils gèrent l'énergie, et par suite les formes de la matière, d'une manière toute différente. La faculté de combattre, localement et transitoirement, le nivellement thermodynamique ou une complexité moindre, le défi de la vie se présente donc comme une apparence. La non-rationalité n'y est qu'illusion.

Mais ce défi apparent est en même temps corrélé à une gestion originale de l'énergie et de la matière, celle de ces systèmes ouverts si particuliers que sont les êtres vivants et qui a permis l'évolution de ces « îlots de complexité » vers une complexité toujours croissante et, par suite, la création de structures nouvelles. Ces structures nouvelles sont douées d'une remarquable autonomie par rapport à l'inerte et sont munies de propriétés émergentes, non aisément descriptibles en termes de matière inanimée. C'est donc bien, comme l'avait remarqué Canguilhem, un ensemble qui entretient des relations dialectiques avec les niveaux physico-chimiques dont il est issu. L'illusion d'indépendance d'avec l'inerte est, en même temps, la réalité d'une autonomie fructueuse et créatrice.

Ce défi apparent mais fructueux, cette illusion créatrice qui caractérise la vie pourraient être compris comme le germe d'un autre défi qui se manifeste, au terme (actuel) de l'évolution des espèces, dans l'espèce humaine. C'est ce que l'on va voir dans la seconde partie de cet essai.

Chapitre II

L'HOMME
ET SON PUISSANT CERVEAU

> *... l'homme, chemise de mémoire*
> *prostré dans cette soif de méandres*
> *oubliés et masqués mauves...*
> *cherche le nom, le nom inavouable, fauve,*
> *le nom qui frappe aux tempes...*
>
> Claude ASLAN

Après avoir tenté de définir les caractères de l'évolution du monde puis de la vie, je vais m'attacher à l'évolution proche de l'espèce humaine, à la façon dont, dans la lignée particulière des vertébrés, est apparue une espèce particulière et qui nous intéresse au plus haut point : la nôtre, l'espèce humaine. Comme je vais être amené à parler de l'homme, je vais développer, sans doute un peu arbitrairement, des réflexions qui insistent surtout sur un point particulier de l'évolution des vertébrés puis de l'homme : le développement du cerveau et de l'intelligence.

Car, parmi d'autres, c'est quand même le développement du cerveau et de l'intelligence qui semble l'une des caractéristiques essentielles de l'homme et de ses proches parents. Comme le formule Jean-Didier Vincent (Ferry et Vincent, 2000), « l'encéphalisation est sans doute un fait marquant de l'humanisation » (p. 156). Ici, ce n'est pas tant la taille du cerveau qui importe – de nombreux animaux ont un cerveau plus gros que le nôtre – mais l'organisation anatomique, que je décrirai en partie dans la suite, qui conduit le cerveau humain à des capacités très grandes en ce qui concerne l'intelligence abstraite. Notamment « la différence vient chez l'homme du développement des aires cérébrales dites associatives qui occupent plus des deux tiers de la partie superficielle du cerveau, appelée cortex » (Ferry et Vincent, 2000) (p. 165). Hommes que nous sommes, nous avons d'ailleurs tendance à considérer que l'intelligence est le sommet de ce que peut produire la vie ! Ainsi, par sa grande intelligence, l'homme serait, selon lui, le point d'aboutissement de l'évolution, le joyau final de la complexification, le sommet du monde vivant. Position qui me paraît bien hardie pour plusieurs raisons.

D'abord, on ne voit pas pourquoi l'évolution s'arrêterait, pourquoi elle ne pourrait pas complexifier au-delà de l'homme. Ensuite, tout dépend du critère de réussite que l'on se propose de choisir. Si c'est le nombre d'individus, les bactéries réussissent mieux que nous. Si c'est la taille, les baleines nous dépassent, etc. Poursuivons cette objection par une remarque semi-humoristique, mais qui peut faire réfléchir. Quittons un instant le point de vue tourné vers l'intelligence pure pour nous placer, le temps d'une boutade, à un point de vue plus proche des préoccupations usuelles humaines que le nombre d'individus ou la taille du corps.

Supposons que l'on estime le succès dans la vie à la

jouissance de l'instant, à l'intensité du vécu existentiel, à la capacité de goûter pleinement chaque moment. On sait que l'homme a fortement développé sa sensibilité dans des domaines électromagnétiques aisément quantifiables – vision, audition – qui sont d'ailleurs liés à son intelligence. Il a en revanche régressé dans les sensibilités plus qualitatives comme l'olfaction. L'homme est un nain sur le plan de l'odorat. Or, pour des raisons évolutives, l'olfaction est étroitement liée à la mémoire et à l'émotion. Parce que l'olfaction était l'un des sens les plus importants pour les vertébrés dits « primitifs », qui vivaient dans des milieux aquatiques parfois troubles où les autres sens étaient moins utiles, le développement des capacités d'émotion et de mémoire a été, au fil de l'évolution des espèces, étroitement lié au développement de l'olfaction.

Ce lien très fort entre olfaction, émotion et mémoire, acquis au cours de l'évolution, se manifeste par une association organique entre les régions du cerveau qui traitent l'olfaction, les émotions ou les apprentissages. Nous, humains, en sommes aussi les héritiers. Que l'on se souvienne de l'impact émotionnel que peut avoir, même chez un nain olfactif comme l'homme, l'odeur d'un sapin ou le parfum d'une fleur. Que l'on se souvienne aussi de la petite madeleine de Proust, dans la mesure où ce que nous appelons le « goût » est principalement un effet olfactif. Tous ceux qui ont eu le nez bouché se souviennent du peu de « goût » de leurs aliments. Or il est beaucoup de mammifères – le chien par exemple – qui ont des capacités olfactives dix fois supérieures à celles de l'homme. Que l'on imagine alors ce que peut être, sur le plan de l'émotion, la vie de ces animaux ! Si l'on raisonne en termes de capacité de jouir intensément de l'instant en éprouvant des émotions de grande qualité, il semble que, sur le chemin de l'évolution, le chien soit en avance sur l'homme. Sur le plan du vécu existentiel, c'est donc le chien qui est un succès évolutif, pas nous !

D'un autre point de vue, autrement plus grave, le spectacle même du comportement de l'espèce humaine tel qu'il apparaît au cours de son histoire, suite ininterrompue de guerres, de tortures, d'atrocités en tout genre, ne convainc absolument pas qu'il s'agisse d'une espèce particulièrement réussie, dès qu'on quitte le domaine de l'intelligence pour celui de la morale. C'est un point qui a été souvent souligné par les philosophes. Pour Schopenhauer par exemple (Schopenhauer, 1909), si toute vie est cause de souffrance, l'homme occupe, par son action dans la production de la douleur et de la souffrance, une place originale et peu enviable : « Aucun animal ne torture uniquement pour torturer ; mais l'homme le fait et cela constitue le caractère diabolique, infiniment pire que le caractère simplement bestial » (p. 39). Ou encore : « Chacun porte en soi, au point de vue moral, quelque chose d'absolument mauvais, et même le meilleur et le plus noble caractère nous surprendra parfois par des traits individuels de bassesse ; il confesse ainsi en quelque sorte sa parenté avec la race humaine, où l'on voit se manifester tous les degrés d'infamie et même de cruauté » (p. 32). Je pourrais, bien sûr, multiplier les citations.

L'amélioration de l'espèce humaine a constitué le thème de nombreux ouvrages de science-fiction. Les mutants du livre *Demain les chiens* de C.D. Simak (Simak, 1990) trouvent tellement ridicule le comportement des hommes qu'ils n'arrêtent pas d'en rire. Parfois, il est implicitement admis qu'en l'occurrence l'évolution biologique classique puisse céder la place à une évolution technique qui viendrait en prendre, en quelque sorte, le relais. Ce serait donc l'homme lui-même qui, par sa technique, assurerait la naissance d'une nouvelle espèce, meilleure que la sienne et propre à la remplacer. Un exemple en est fourni par l'intéressant roman de Michel Houellebecq *Les Particules élémentaires* (Houellebecq, 1998). L'auteur y décrit une humanité décevante, chez laquelle l'attrait excessif pour la connaissance et pour le sexe ne parvient pas à effacer une vie à la Schopenhauer, hantée par la souffrance, la maladie et la mort, entrecoupée des pires atrocités dont on sait l'homme capable. À la fin du récit, l'espèce humaine crée, par sa science et sur des bases génétiques, une espèce nouvelle et harmonieuse, « asexuée et immortelle, ayant dépassé l'individualité, la séparation et le devenir » (p. 385), une espèce heureuse, à l'opposé de « cette espèce torturée, contradictoire, individualiste et querelleuse » (p. 394) qu'est l'espèce humaine. Bien sûr, on comprendra qu'il s'agit purement d'une parabole, que, même dans l'espoir de gommer définitivement les comportements destructeurs qui la minent, l'humanité ne peut sérieusement envisager une espèce où « tous les individus seraient porteurs du même code génétique » (p. 389). Fiction donc, parabole remarquable, mais qui cependant ne peut manquer de questionner le philosophe qui somnole en chacun d'entre nous. Quelles réponses rationnelles l'homme peut-il apporter à cette question ? Y a-t-il, ailleurs que dans la science-fiction et les rêveries qu'elle véhicule, une façon d'améliorer le comportement de l'homme ? En s'appuyant sur son intelligence et sa technique, l'homme peut-il, à sa manière, poursuivre le chemin évolutif dans une direction plus morale ? Voilà des interrogations auxquelles nous serons amenés à répondre.

Cette série de remarques nous a un instant éloignés de notre propos sur l'importance du cerveau de l'homme. Elle m'a cependant paru indispensable pour que le légitime hommage à l'intelligence de notre espèce, qui va suivre, ne soit pas perçu en même temps comme un blanc-seing donné à une espèce moralement peu réussie, et, en tout état de cause, susceptible de grandes améliorations éthiques, sur lesquelles je serai conduit à conclure.

La mosaïcité des étages de l'encéphale

Il n'est évidemment pas question de décrire ici en détail l'anatomie du système nerveux ! Les lecteurs intéressés pourront se reporter aux nombreux ouvrages qui traitent de cette question (Bowsher, 1980, Chapouthier et Matras, 1982). Très schématiquement, on peut distinguer, dans le système nerveux de l'homme, des régions apparues successivement chez ses ancêtres. La base de l'organisation est un tube rempli de liquide (voir figure 7). Ce tube est composé de cellules nerveuses ou neurones d'origine ancienne et organisées en une sorte de réticule. Nous l'appellerons le « cœur réticulaire » du système nerveux.

Rappelons à ce propos que le système nerveux est un réseau de près de 10 milliards de cellules nerveuses ou neurones, sortes de « câbles vivants », capables de faire circuler et de transmettre des phénomènes bioélectriques, appelés « impulsions nerveuses » (on disait autrefois « influx nerveux ») (voir Chapouthier et Matras, 1982). Ces impulsions transmettent des informations qui, ou bien amènent au système nerveux des messages des sens et donnent des ordres aux muscles ou aux glandes, ou bien assurent le travail interne du système nerveux lui-même, c'est-à-dire le traitement des données sensorielles reçues, la préparation des ordres moteurs, la mise en mémoire, le classement ou la maturation des informations mémorisées. On connaît l'utilisation que le neurobiologiste Jean-Pierre Changeux (Changeux, 1983) a faite de cette construction neuronique (on peut dire aussi « neuronale ») du système nerveux, pour la conception d'un modèle très déterministe d'être humain.

Une fois le neurone excité, l'impulsion se transmet d'un bout à l'autre comme une onde déclenchée à la surface d'une mare aboutit nécessairement à la rive opposée. L'impulsion nerveuse est donc un phénomène passif et peu contrôlable par le cerveau. Entre deux neurones se situe un espace appelé « synapse ». Pour franchir cet espace, c'est-à-dire passer d'un neurone au suivant et continuer à transmettre l'information, l'impulsion « passe le relais » à un intermédiaire chimique, une molécule appelée « médiateur ». Ce phénomène très important qui transforme une impulsion nerveuse bioélectrique en une substance chimique sécrétée dans la synapse et capable d'aller, à son tour, déclencher une impulsion nerveuse bioélectrique dans le neurone suivant (neurone post-synaptique), c'est ce qu'on appelle la « médiation chimique de l'impulsion nerveuse » (voir Dupont, 1999). Sur cette médiation, sur ce passage chimique obligé, le corps, qui est une usine chimique, peut agir, parce que les molécules que sont les médiateurs peuvent être modulées par d'autres molécules. Ces autres molécules, capables

Figure 7 – Évolution du tube nerveux

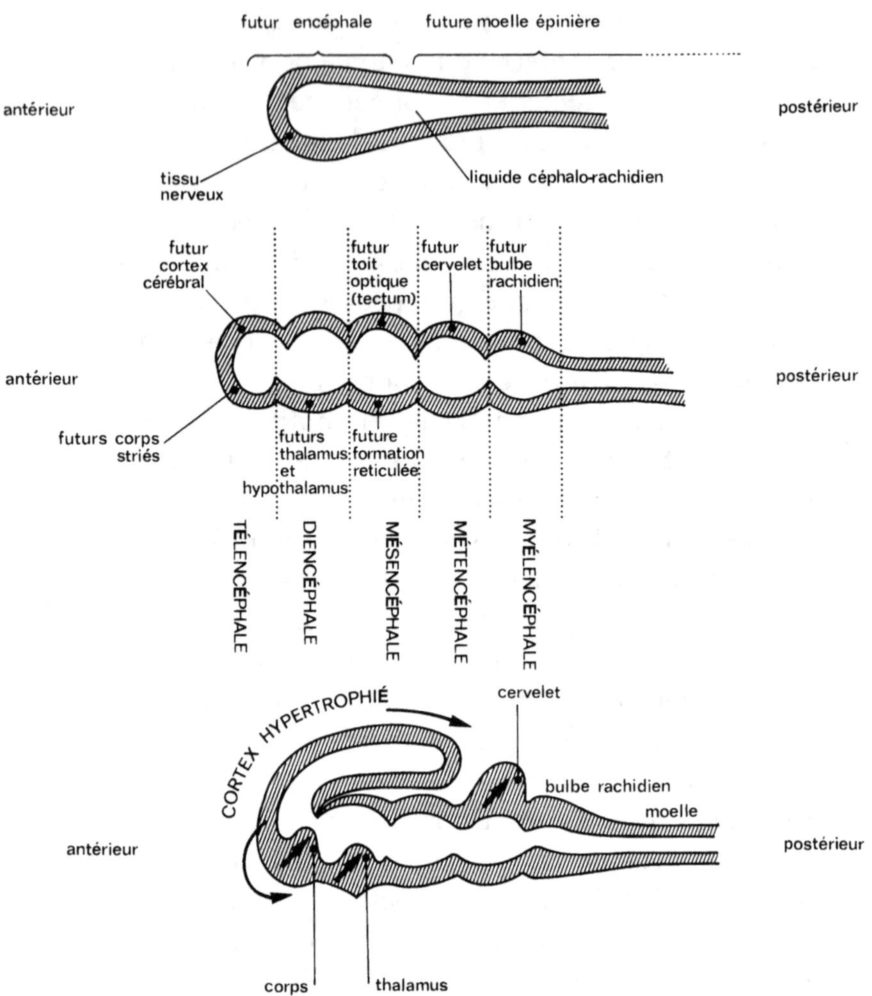

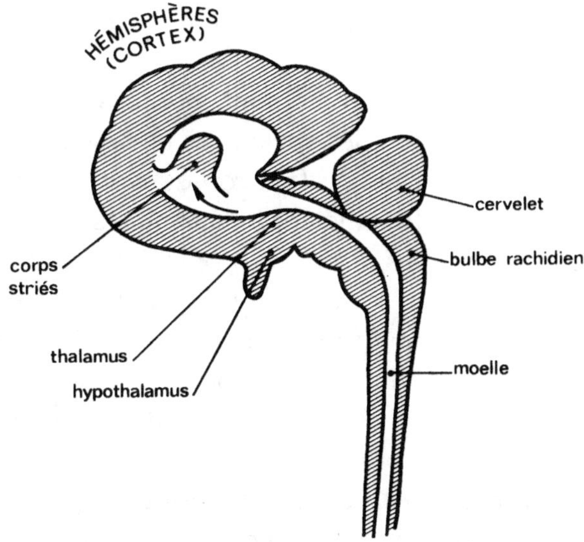

À l'origine, dans l'embryon des vertébrés, le système nerveux est un tube rempli de liquide céphalo-rachidien (tube présenté ici en section longitudinale). À l'arrière, il donne la moelle épinière qui conserve chez l'adulte sa forme cylindrique. À l'avant, il se subdivise ensuite en cinq vésicules, dont la quatrième donnera le cervelet et la première le cortex cérébral et les hémisphères cérébraux. Après passage à la verticale de la moelle épinière, chez l'homme, on voit apparaître le plan d'organisation du futur cerveau. Figure tirée de G. Chapouthier et J.-J. Matras, *Introduction au fonctionnement du système nerveux*, Medsi, 1982.

d'agir, au niveau de la synapse, sur la médiation chimique de l'impulsion nerveuse peuvent être ou bien d'autres médiateurs, capables d'inhiber les premiers, ou bien des hormones liées à l'état général de l'organisme ou toutes sortes d'autres molécules qui constituent ce que Jean-Didier Vincent (Vincent, 1986) a appelé « un cerveau flou ». C'est aussi sur ce passage chimique obligé qu'agissent toutes les molécules psychotropes que nous absorbons : caféine, excitants, somnifères, tranquillisants, morphine, etc.

À ce cœur réticulaire se sont ajoutées, au cour de l'évolution des espèces, des structures plus récentes fonctionnant selon des principes (neuroniques et synaptiques) comparables. Les plus anciennes parmi ces « structures récentes » portent les noms de « paléo-structures » et d'« archi-structures ». Vers l'avant du tube nerveux, elles se groupent pour constituer un ensemble qui prendra le nom de « système limbique », responsable des émotions comme la peur ou la colère. En se développant sur le tube d'origine, elles participent morphologiquement à l'apparition de protubérances, de saillies, dont les plus remarquables sont les deux hémisphères cérébraux situés de part et d'autre de l'extrémité antérieure du tube nerveux et sur lesquels nous serons amenés à revenir. Ce sont les étages les plus élevés du cerveau des poissons, des batraciens comme les grenouilles et de la plupart des reptiles. Elle permettent des réponses plus fines du système nerveux aux sollicitations de l'environnement, liées notamment à des manifestations émotionnelles.

Chez certains reptiles, mais surtout chez les oiseaux et les mammifères, se développent de nouvelles structures, appelées « néo-structures », qui envahissent progressivement l'essentiel des hémisphères cérébraux. Chez l'homme, la plus élevée de ces néo-structures, le néo-cortex cérébral, qui recouvre presque la totalité des hémisphères cérébraux, est responsable de la pensée la plus élaborée de notre espèce, la pensée raisonnée, celle grâce à laquelle nous sommes fiers d'être les animaux les plus intelligents.

Mais il serait faux de croire que l'homme se comporte

toujours avec la rigueur intellectuelle que lui permet son néo-cortex ! Nombreux sont les auteurs qui ont fait remarquer que, souvent, l'homme se laisse guider par les structures plus anciennes, paléo- et archi-structures limbiques, que l'on appelle souvent, de façon imagée et un peu inexacte, son « cerveau reptilien ». Cet appel aux structures limbiques et aux émotions « non raisonnées » qu'elles induisent, ces réactions parfois mal adaptées, traduisent, dans l'intégration de notre plus bel organe, notre cerveau, la concurrence avec d'autres étages de la mosaïque évolutive, anatomiquement inférieurs.

La mosaïcité des aires cérébrales

Le néo-cortex qui enveloppe les hémisphères cérébraux est constitué de circonvolutions elles-mêmes groupées en lobes (voir figure 8). On distingue sur chaque hémisphère un lobe frontal, un lobe pariétal, un lobe temporal et un lobe occipital. Je me pencherai un peu plus loin sur les relations entre les deux hémisphères cérébraux de l'homme. Mais, avant toute chose, j'essaierai de préciser comment on peut imaginer le fonctionnement de ce cortex. Bien que l'on ignore encore beaucoup du rôle de ses différentes parties, on sait cependant que certaines régions ont des rôles relativement bien définis. Ainsi la circonvolution « pariétale ascendante » reçoit les informations du toucher de tout le « demi-corps » : plus précisément, la pariétale ascendante droite reçoit les informations de la partie gauche du corps et la pariétale ascendante gauche celles de la partie droite du corps. On dit que les informations sont croisées. En face, la

Figure 8 – Les lobes cérébraux

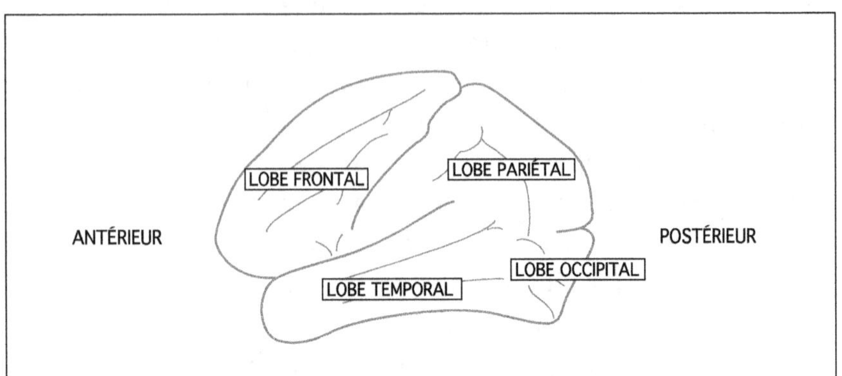

Ces quatre lobes, présentés ici sur une vue de profil de l'hémisphère gauche, sont parcourus de circonvolutions, elles-mêmes séparées par des sillons appelés « scissures ». Des scissures plus profondes séparent les quatre lobes.

circonvolution « frontale ascendante » donne des ordres aux muscles de tout le « demi-corps » : la frontale ascendante droite envoie des ordres à la partie gauche du corps et la frontale ascendante gauche envoie des ordres à la partie droite du corps. Sur ces différentes circonvolutions existe une localisation précise des différentes zones correspondant aux différentes parties du corps, de sorte qu'on peut y dessiner un « homoncule » qui représente un petit homme déformé, chez qui les organes représentés sont proportionnels à la surface occupée par les organes du corps sur la circonvolution. Ainsi les homoncules ont de très grandes mains, dans la mesure où de nombreuses sensations des mains arrivent aux pariétales ascendantes et où beaucoup d'ordres moteurs proviennent des frontales ascendantes pour faire bouger les mains. Les zones occupées par les mains sur ces différentes circonvolutions sont donc très larges. En proportion, le tronc est tout petit.

On connaît également de nombreuses autres zones de projections sensorielles ou de commande motrice à la surface des hémisphères. Ainsi, la zone de réception de la vision se situe dans une portion du cortex occipital et la zone de réception de l'audition se situe dans une portion du cortex temporal. On pourrait donner bien d'autres exemples.

On connaît certes beaucoup moins bien ce qui se passe entre la réception sensorielle et la commande motrice. Mais on a quelques idées concernant certaines fonctions. Ainsi en ce qui concerne les « aires du langage ». Ici nous touchons déjà à une spécialisation des hémisphères, sur laquelle je vais revenir dans un instant : chez le sujet droitier, les aires du langage se trouvent principalement sur l'hémisphère gauche. Mais faisons abstraction de ce point pour l'instant. En 1861, Broca décrivit, chez un patient présentant des difficultés d'élocution, une aire de l'expression du langage articulé située dans le lobe frontal gauche. Cette découverte fut suivie d'autres similaires. En 1874, Wernicke décrivit, dans le lobe temporal gauche, une aire permettant la compréhension du langage articulé. À la différence du patient de Broca qui comprenait ce qu'on lui disait mais était incapable d'exprimer une réponse (aphasie motrice), les patients de Wernicke avaient une élocution aisée mais étaient incapables de comprendre ce qu'on leur disait (aphasie sensorielle, encore appelée « surdité verbale »). Un peu plus tard, Exner décrivit ailleurs dans le lobe frontal gauche une « aire de l'écriture » dont la lésion était liée à des troubles de l'expression du langage écrit (agraphie) et Déjerine une

« aire de la lecture » située à proximité du cortex occipital gauche et dont la lésion produisait une difficulté à lire (cécité verbale ou alexie). Ces résultats ont été largement confirmés par la suite. Que dans certains cas, chez les gauchers par exemple, ces aires ne soient pas toujours situées dans l'hémisphère gauche, ne change rien au problème discuté ici. Il semblerait, au premier abord, que le langage soit le fait d'aires disjointes, conceptuellement juxtaposées (même si elles ne sont pas exactement adjacentes) sur la surface du néo-cortex cérébral.

Mais alors le néo-cortex n'est-il qu'une mosaïque d'aires juxtaposées, responsables côte à côte de fonctions strictement individuelles ? Bien évidemment, il n'en est rien et c'est justement le rôle d'autres régions encore mal définies, d'assurer les relations entre ces aires plus ou moins individualisées et le fonctionnement de l'ensemble. À côté des aires dites « primaires », du toucher, de la vision, de l'audition, de la motricité, que j'ai mentionnées plus haut, existent des aires dites « d'association », qui ont justement cette fonction intégratrice. Quant au langage que j'ai pris comme exemple pour des fonctions plus élaborées, divers résultats montrent que des interactions discrètes existent entre les différentes aires qui ne vivent donc pas leur vie de façon totalement indépendante ! Il reste cependant que l'existence de ces aires cérébrales dans un organe aussi intégré que le cerveau et à un étage – le néo-cortex cérébral – qui est le plus élevé dans l'élaboration de la pensée, suggère la persistance d'une mosaïcité dans son fonctionnement. À certains égards sommet de l'intégration organique, le cerveau humain n'en présente pas moins, en ce qui concerne son fonctionnement, des traits en mosaïque. Cette mosaïcité, si elle apparaît sur le plan évolutif comme une intégration insuffisante ou inachevée, offre cependant des avantages importants : en cas de pathologie ou d'accident, la redondance des aires ou des fonctions permet d'assurer des remplacements ou des suppléances au moins partiels.

La mosaïcité binaire du cerveau :
deux hémisphères

Compte tenu de la symétrie du corps et du cerveau, divisé en deux hémisphères, on aurait pu penser que les neurones du cortex fonctionneraient comme deux groupes distincts mais identiques, montés en quelque sorte en parallèle. Il n'en est rien. On sait aujourd'hui que les deux hémisphères sont dotés de capacités intellectuelles très différentes. En d'autres termes, les deux hémisphères cérébraux, juxtaposés à gauche et à droite, ont subi, comme tous les organes vivants, une intégration de leurs fonctions. L'hémisphère gauche s'est spécialisé dans certaines fonctions alors que l'hémisphère droit se spécialisait dans d'autres fonctions. Ou encore, comme toutes les structures biologiques, l'encéphale a été soumis au principe de juxtaposition-intégration. De deux entités simplement parallèles (juxtaposées), on est passé à deux entités spécialisées intégrant ou tendant à intégrer leurs fonctions. De cette spécialisation chez l'homme on peut trouver, comme d'habitude, des antécédents chez l'animal (spécialisation de certaines réponses du cerveau aux hormones à gauche ou à droite chez le rat, latéralisation à gauche, comme le langage humain, du chant des oiseaux, etc.).

Rappelons, brièvement, en quoi consiste cette spécialisation des hémisphères chez l'homme, ou tout au moins ce que l'on peut en savoir aujourd'hui, puisque ce domaine est encore en pleine exploration. On a vu plus haut que, chez le sujet droitier, les principales aires du langage étaient situées dans l'hémisphère gauche. Divers types de résultats conduisent à penser que, toujours chez lui, l'hémisphère gauche interviendrait dans tout ce qui concerne la pensée abstraite, conceptuelle, et plus particulièrement les aspects analytiques, le traitement d'unités signifiantes, comme dans le langage ou les mathématiques. Comme l'homme est fier de cette pensée, et particulièrement de son langage, il a longtemps défendu la thèse d'une dominance de l'hémisphère gauche sur l'hémisphère droit. L'hémisphère gauche aurait été, dans le cas général du sujet droitier, l'hémisphère noble. De nombreux résultats récents sont venus contredire cette façon de voir. L'hémisphère droit est également capable d'un autre type de pensée, souvent indépendante du langage – même si l'hémisphère droit n'est pas « muet » comme on l'avait cru à l'origine – et tout aussi importante pour la vie humaine. En deux mots, l'hémisphère droit serait responsable d'aspects de la pensée plus globaux, plus synthétiques. C'est grâce à lui que l'on pourrait reconnaître les formes – y compris les visages de nos proches –, que l'on pourrait s'orienter dans l'espace, concevoir les gestes adaptés à une situation donnée et, probablement, mieux utiliser nos émotions. Si le système limbique, siège des émotions, existe en effet dans les deux hémisphères, l'importance de son action serait sans doute plus développée dans l'hémisphère droit. Finalement, l'hémisphère gauche gouvernerait la pensée logique et abstraite, analyserait les informations ou les conduites à effectuer, alors que l'hémisphère droit gouvernerait la pensée concrète et l'imagerie mentale, donnerait le cadre de référence du monde extérieur, guiderait les comportements plus globaux. On résume souvent cette différence entre les deux hémisphères, d'une façon évidemment fausse et insuffisante mais assez suggestive, en disant que l'hémisphère gauche serait « le penseur » alors que l'hémisphère droit serait « l'artiste ».

Que ce modèle général souffre d'exceptions dans des cas particuliers ne change rien au raisonnement. Ainsi le cas des gauchers. Seuls quelques-uns sont les images en miroir des droitiers, c'est-à-dire qu'ils ont à droite les capacités conceptuelles et abstraites portées chez les droitiers par l'hémisphère gauche et, inversement, ils ont à gauche les capacités de reconnaissance des formes et de vision synthétique portées, chez les droitiers, par l'hémisphère droit. Chez la plupart des gauchers, la situation est beaucoup plus complexe, avec des répartitions des aires à gauche ou à droite très difficiles à prévoir si l'on n'a pas observé leur cerveau. En d'autres termes, alors que les droitiers sont presque tous construits sur le même modèle, les gauchers présentent une bien plus grande diversité.

Ces considérations sur les hémisphères cérébraux de l'homme amènent deux remarques. La première est philosophique. Hume avait décrit dans la pensée de l'homme deux domaines bien séparés : celui des faits, que l'on pourrait situer sur le versant de l'analyse du monde, et celui des valeurs, plus synthétique, où l'homme exprime des jugements, souvent liés à ses émotions, sur ce qui est bon ou bien. Sans vouloir évidemment systématiser cette remarque, on peut sans doute rapprocher cette dichotomie humienne des faits et des valeurs du bilan qui vient d'être exposé concernant le travail des hémisphères cérébraux. Si l'on admet ce rapprochement, on pourrait dire que nous sommes humiens par construction, ou encore que son cerveau même porte l'homme vers une dichotomie dans le traitement analytique des faits et synthétique des valeurs, vers une binarité natale.

La seconde remarque, c'est que malgré la bonne intégration qui existe entre les deux hémisphères chez le sujet normal, une persistance d'équipotentialité résiduelle existe dans leur fonctionnement. On a déjà fait remarquer que l'hémisphère droit du droitier n'était pas complètement muet. Il possède en fait une certaine compréhension du langage, améliorée lorsque celui-ci est associé à une reconnaissance de formes. C'est ainsi que chez les sujets atteints d'hémiplégie gauche, à la suite d'un accident vasculaire cérébral, et qui ne peuvent donc plus communiquer normalement par le langage dans cet hémisphère, on peut assurer une certaine suppléance de l'hémisphère droit en les faisant parler en chantant. La forme mélodique qui accompagne la phrase rend plus facile le travail de l'hémisphère droit. De telles suppléances, ainsi que des concurrences occasionnelles dans le travail des deux hémisphères, témoignent du maintien en parallèle de certaines capacités, et donc d'une certaine mosaïcité résiduelle dans leur travail. Cette mosaïcité apparaît en outre au grand jour dans certaines pathologies.

Il est en effet possible d'étudier le comportement de sujets dits « à cerveau dédoublé » *(split-brain)*, ainsi appelés parce que les fibres reliant les deux hémisphères de leur cortex sont rompues, ou pour des raisons accidentelles, ou pour des raisons thérapeutiques (notamment dans les cas d'épilepsies résistantes aux médicaments et susceptibles d'abîmer gravement le cerveau). Ces sujets étonnants contiennent en eux-mêmes deux personnalités, qui peuvent entrer en concurrence dans la réalisation de certains comportements (voir un exemple sur la figure 9). Dans la mesure où, comme l'avaient montré de nombreux auteurs (Bernard, 1952) (Canguilhem, 1984), la pathologie éclaire la normalité, ces sujets pathologiques sont des révélateurs de la mosaïcité qui existe chez les sujets normaux.

La mosaïcité du cerveau ramenée à ses gènes

L'étude des gènes qui agissent lors du développement de l'organisme a permis de découvrir l'existence d'une certaine mosaïcité au niveau génétique lui-même. On connaît des gènes de segmentation, responsables de la division du corps en segments ou métamères dont j'ai déjà parlé plus haut, évidents chez le ver de terre ou dans l'abdomen des insectes, mais plus difficiles à imaginer chez des animaux adultes intégrés comme les mammifères, où les segments se mêlent. On connaît aussi des gènes dits « homéotiques », « responsables de l'acquisition par un territoire d'une identité positionnelle » (Bally-Cuif, 1995) (p. 82). Ces gènes de position ont été clairement mis en évidence pour les segments des insectes comme la drosophile où ils « transforment un organe spécifique d'un segment (l'antenne de la tête) en l'organe homologue d'un autre segment (la patte pour le segment thoracique) » (Prochiantz, 1993) (p. 41-42). Or, comme le remarque Prochiantz, « certaines données laissent

Figure 9 – Une chimère

C'est par la présentation de dessins de ce type appelés « chimères » que l'on peut analyser certaines fonctions spécifiques des hémisphères cérébraux. Par exemple, chez des sujets qui ont subi, de façon accidentelle, la séparation fonctionnelle des deux hémisphères (sujets dits « split-brain »), on peut s'arranger pour que la partie gauche de la chimère soit perçue par l'hémisphère droit et la partie droite de la chimère par l'hémisphère gauche. Comme, suite à l'accident, les deux hémisphères ne communiquent plus, on peut les interroger séparément. Si on interroge le sujet verbalement, un sujet standard (droitier) répondra : « Je vois un homme moustachu avec des lunettes », montrant par là que son hémisphère gauche est responsable du traitement d'une réponse verbale. On peut aussi interroger le sujet indirectement et de façon non verbale, par exemple en lui proposant de choisir dans une collection de dessins de visages, comprenant parmi d'autres le visage (complet) de la femme et de l'homme de la chimère, ce qu'il a vu. Sans hésitation, le sujet « split-brain » choisit l'image du visage de la femme blonde. Il montre par là que son hémisphère droit est responsable de la reconnaissance des images et des formes.

supposer que les gènes homéotiques jouent un rôle [...] dans le développement du cerveau (Prochiantz, 1993) (p. 43). Ainsi, des gènes homéotiques pourraient être impliqués dans le développement des différents segments ou métamères qui vont constituer les étages de l'encéphale, comme ils le sont dans les segments d'autres parties du corps. Ces travaux conduisent à postuler l'existence d'une mosaïcité encéphalique (ou du cerveau dans le sens usuel, non scientifique, du terme) au sein même des gènes qui contrôlent le développement. Ce qui, bien entendu, n'enlève rien au fait, déjà abondamment souligné, que les gènes, chez les mammifères, ne donnent que de grandes règles du jeu et que l'histoire de l'individu, par l'action de ce qu'on appelle l'« épigenèse », vient ensuite donner les caractéristiques propres de chaque animal dit « supérieur ».

Du cerveau à l'esprit

Primate-mosaïque, l'homme l'est donc dans la disposition de ses organes comme dans l'activité de son cerveau. Il l'est aussi d'une certaine manière dans les idées qu'il a et les attitudes qu'il défend. Il n'est sans doute pas étonnant de retrouver une sorte de parallélisme ou d'isomorphisme entre les processus de la vie et le monde des idées. Monod (Monod, 1970) avait déjà remarqué le parallélisme qui existait entre ces deux domaines : « Les idées ont conservé certaines propriétés des organismes. Comme eux, elles ont tendance à perpétuer leur structure et à la multiplier, comme eux elles peuvent fusionner, recombiner, ségréguer leur contenu, comme eux enfin elles évoluent et dans cette évolution la sélection, sans aucun doute, joue un grand rôle » (p. 279).

Ce parallèle entre faits cérébraux et faits psychiques apparaît également, d'une autre manière, dans les thèses du neurobiologiste Jean Delacour. Cet auteur, dont les ouvrages offrent la meilleure analyse actuelle des rapports entre le cerveau et l'esprit (Delacour, 1995), soutient l'identité entre les mécanismes cérébraux et les processus psychiques, de sorte qu'il n'est pas surprenant de trouver ce parallélisme ou cet isomorphisme entre les processus de la vie et le monde des idées. Il est intéressant de noter que Delacour (Delacour, 1994) évoque à la fois l'unité et la pluralité de la conscience ou du cerveau : l'unité de la conscience « est une donnée phénoménologique fondamentale puisque même les variations, les inconstances de notre moi ne se perçoivent que par rapport à une identité au moins formelle » (p. 124). Mais face à cette unité phénoménologique du moi, « les mesures fines de psychologie expérimentale chez le normal, le caractère massivement parallèle de l'organisation cérébrale, certaines pathologies mettent fortement en question cette unité » (p. 124). On retrouve ici des notions que j'ai eu l'occasion de mentionner comme la redondance des voies nerveuses ou les pathologies des sujets à cerveau dédoublé. Delacour en arrive à la conclusion que « l'unité *et* la pluralité de la conscience sont celles du cerveau » (p. 124). Il exprime donc, en d'autres termes, les concepts philosophiques défendus, tout au long de cet ouvrage, d'intégration et de mosaïcité.

La mosaïcité de la pensée : paliers de mémoire

Au-delà de la morphologie et de l'anatomie du cerveau, je voudrais donc développer mon argumentation sur ce qui constitue le privilège du cerveau, la gestion de la pensée. Je voudrais montrer qu'on retrouve cette intégration imparfaite, ce maintien du processus en mosaïque, dans certains aspects essentiels du fonctionnement cérébral. Le but de cette discussion n'est pas de démontrer, un peu partout dans les idées défendues par l'homme, des traces de ce caractère mosaïque, ce qui pourrait être long et fastidieux. Je voudrais me limiter à un point central et essentiel dans l'activité culturelle de l'homme, celui de la mémoire. L'argumentation portera sur cette fonction clé qu'est la mémoire. En d'autres termes, pour reprendre une analogie informatique – et même s'il n'est pas légitime de trop pousser la comparaison entre le cerveau et la machine (Chapouthier, 1978b) (Chapouthier, 1979) –, après avoir parlé de la mosaïcité du matériel (« hardware ») biologique, on va s'attacher à la mosaïcité du logiciel (« software ») psychologique.

Cette mosaïcité de la pensée repose évidemment sur les mêmes présupposés évolutifs que le reste de l'ouvrage. Elle suppose que la pensée, comme les autres fonctions biologiques, est le fruit de l'évolution des espèces, et donc qu'il existe une pensée animale de la même manière qu'il existe une pensée humaine. Il s'agit donc de vues qui s'inscrivent dans une conception cognitiviste de l'animal, qui, comme le remarque Vauclair (Vauclair, 1996), « soutient l'hypothèse de la continuité mentale postulée par Darwin [...] d'une part au sein des espèces animales, et, d'autre part, entre l'animal et l'homme » (p. 123). Il est vrai, ajoute Vauclair, « qu'il y a suffisamment de ressemblance entre les fonctions cognitives des animaux et celles de l'homme pour réaliser des comparaisons... [et constater que les] fonctions globales sont exécutées de manière fondamentalement analogue dans toutes les espèces » (p. 123). Mais ces schémas d'organisation communs de la cognition, surtout apparents d'ailleurs entre l'homme et les animaux dits « supérieurs » (ceux qui intéressent surtout les spécialistes de la cognition animale comme Vauclair), ne peuvent faire abstraction des progrès réalisés, dans ce domaine comme dans d'autres domaines du vivant, au cours même de l'évolution, donc de la complexification des espèces. Les différences entre les espèces les plus primitives dans l'arbre généalogique du monde animal et les espèces les plus évoluées peuvent nous apporter de nouveaux arguments en faveur des thèses défendues jusqu'ici. Ce sont ces progrès évolutifs, où l'on retrouve les caractères de mosaïcité relevés plus haut, que je voudrais décrire maintenant sur l'exemple de la mémoire.

Point n'est besoin de souligner l'importance de la mémoire. C'est elle qui conditionne la plupart des aspects de notre vie d'homme, qui nous permet de nous souvenir des traits de nos proches, de la route qu'il nous faut suivre pour rentrer chez nous, des mots du langage que nous utilisons ou des règles numériques qui nous permettent d'effectuer notre déclaration de revenus. Pratiquement chaque instant de notre vie s'appuie sur la mémoire et on ne peut guère concevoir un homme qui ne posséderait pas cette faculté. Le nombre d'informations contenues dans cette mémoire humaine est vertigineux même si l'homme sait aujourd'hui créer des machines, les ordinateurs, douées de capacités de mémoire prodigieuses elles aussi. Le problème de la simulation de la pensée par les ordinateurs ne sera pas abordé ici. Le lecteur intéressé peut se reporter aux deux articles que nous avons consacrés à cette question (Chapouthier, 1978b) (Chapouthier, 1979). En d'autres termes, la mémoire est une fonction centrale de la vie psychique, sans laquelle la pensée n'est plus rien. Et si l'on peut concevoir des mémoires sans intelligence – certaines machines sont exactement cela –, il paraît impossible en revanche d'envisager une intelligence sans mémoire.

Pour reprendre les considérations évolutives qui ont constitué une large part de cet ouvrage, le raisonnement sera fondé sur une comparaison des capacités mnésiques de l'homme avec celles des autres espèces animales.

Toute utilisation de concepts suppose des définitions. Si les définitions des processus mnésiques (Chapouthier, 1994) n'ont jamais fait l'objet d'un accord unanime parmi leurs utilisateurs, on peut cependant donner des définitions relativement simples, suffisantes pour servir d'ancrage à la réflexion biologique qui va suivre. Ainsi, l'apprentissage peut être grossièrement défini comme le processus par lequel un animal (un homme) enregistre des éléments de son environnement qui modifieront son comportement ultérieur. De la même manière, la mémoire peut être définie comme le stock de ces éléments enregistrés qui, en psychologie, portent le nom de « souvenirs ». L'oubli peut être défini comme le fait que les éléments de l'environnement enregistrés sont de moins en moins capables de solliciter le comportement. Le rappel serait alors la remise en action des éléments enregistrés.

L'existence de la mémoire et des phénomènes qui lui sont liés suppose un code, c'est-à-dire un système de règles qui fait correspondre aux éléments appris dans l'environnement des éléments particuliers du cerveau. On peut en outre remarquer qu'à ces définitions de l'apprentissage et de la mémoire, on peut en substituer d'autres, équivalentes, qui ont le mérite d'offrir une base de comparaison entre les performances mnésiques des animaux et celles des ordinateurs. Pour cela, il convient de remplacer dans les définitions ci-dessus « éléments de son environnement » par le concept clé de l'informatique, l'« information ». Ainsi, par exemple, l'apprentissage deviendra le processus par lequel un animal (un homme, voire une machine) enregistre des informations qui modifieront son comportement ultérieur. De la même manière, la mémoire sera le stock de ces informations enregistrées, et ainsi de suite.

Évolution des aptitudes mnésiques
dans le règne animal

Le règne animal (voir la figure 1) comprend un certain nombre de groupes de complexité croissante (Chapouthier, 1994) : unicellulaires, animaux à deux feuillets (encore appelés plus commodément « didermiques ») comme les polypes ou les méduses et finalement animaux à trois feuillets (encore appelés plus commodément « tridermiques ») qui eux-mêmes se décomposent en animaux à système nerveux ventral (vers, mollusques – notamment les mollusques céphalopodes comme la pieuvre ou la seiche –, insectes, crustacés...) et animaux à système nerveux dorsal (comprenant notamment le groupe des vertébrés, auquel notre espèce appartient). Des travaux déjà classiques (Médioni et Robert, 1969) (Bitterman, 1965) se sont proposé de comparer les capacités mnésiques de ces groupes. Pour la littérature classique dans ce domaine, je renvoie donc à ces deux articles que j'ai cependant complétés par des références plus récentes sur des points particuliers.

Pour comparer les capacités de mémoire entre divers groupes d'animaux, il faut disposer de méthodes d'apprentissage applicables à tous, ce qui, par suite de leurs différences anatomiques et comportementales, n'est pas d'une grande simplicité ! En regroupant plusieurs catégories d'apprentissage proposées par divers auteurs (Médioni et Robert, 1969) (Bitterman, 1965), on peut proposer la grille d'étude suivante :
- habituation
- tendance à l'alternance
- conditionnement pavlovien
- conditionnement skinnérien
- apprentissage de détour
- économie d'essais en réversion.

L'*habituation* est la mémoire très simple qui fait que la répétition d'un même stimulus finit par cesser d'entraîner une réponse (par exemple, la sonnerie de mon réveil ne me réveille plus). Il faut donc que, d'une manière ou d'une autre, le cerveau ait enregistré les caractéristiques du stimulus auquel on ne répond plus : un réveil d'un autre timbre et de même puissance pourra cependant me réveiller. On conçoit qu'en modifiant les caractéristiques des stimuli auxquels il faut s'habituer (son, lumière, ébranlement du sol, etc.), on puisse étudier cette tâche chez tous les groupes animaux.

La *tendance à l'alternance (encore appelée « inhibition réactive »)* est la tendance pour un animal qui a effectué, spontanément ou contraint, le choix d'un terme d'une alternative, à choisir l'autre terme, ce qui suppose évidemment que le cerveau ait mémorisé le premier terme. Ainsi un ver de terre qui, spontanément ou contraint, a tourné plusieurs fois à gauche dans un labyrinthe en forme de T, et cela, bien entendu, sans aucune récompense ou punition au bout des branches qui aurait pu l'amener à en préférer une, aura plutôt tendance, statistiquement, à tourner à droite la fois suivante. Mais en modifiant les termes de l'alternative, on peut mettre dans ce type de situation toutes sortes d'animaux y compris l'homme. Ainsi un homme mis devant un buffet qui contient exclusivement des parts de tarte aux pommes et des parts de tarte aux fraises, si, spontanément ou contraint, il a pris successivement plusieurs parts de tarte aux pommes, il aura plutôt tendance à choisir une part de tarte aux fraises la fois suivante !

Le *conditionnement pavlovien* est la capacité qu'a un stimulus primitivement neutre d'entraîner une réponse lorsqu'il est associé à un stimulus qui, normalement, produit cette réponse (stimulus inconditionnel). Si l'on associe, chez le chien, le stimulus inconditionnel constitué par la viande, qui produit toujours la réponse de salivation, à un stimulus neutre (le son d'un violon), le stimulus neutre va devenir progressivement stimulus conditionnel et déclencher, à son tour, la salivation. Les conditionnements pavloviens les plus divers peuvent être mis en évidence dans les différents groupes animaux.

Le *conditionnement skinnérien* est la capacité d'acquérir une réponse opératoire (appuyer sur une pédale, parcourir un labyrinthe, fuir un compartiment, etc.) soit pour obtenir une récompense comme de la nourriture (renforcement dit « positif »), soit pour éviter une punition comme un choc électrique (renforcement dit « négatif »). Comme pour le conditionnement pavlovien, les situations de conditionnement skinnérien sont innombrables et peuvent être proposées à tous les groupes animaux.

L'apprentissage de détour est la capacité qu'a un animal de s'éloigner du but qu'il vise pour y accéder ensuite ; cette capacité suppose une mémoire de l'espace dans le cerveau de l'animal considéré, ce que les scientifiques ont appelé une « carte cognitive », sorte de simulation de l'espace par le cerveau.

L'économie d'essais en réversion (Bitterman, 1965), enfin, est l'aptitude de certains animaux, lorsqu'ils ont appris une règle directe (par exemple tourner à gauche dans une situation particulière), d'apprendre plus vite, en moins d'essais, une tâche inverse (tâche de réversion) dans la même situation particulière (par exemple tourner à droite dans les mêmes conditions). Beaucoup d'animaux moins élevés dans l'échelle évolutive sont perturbés par l'acquisition de la tâche directe et demandent donc davantage d'essais pour l'apprentissage de la tâche de réversion. Ainsi, imaginons un ver de terre auquel, par des récompenses ou des punitions au bout des branches, on a appris à tourner à gauche dans un labyrinthe en forme de T en un certain nombre d'essais (plusieurs dizaines). Ce ver demandera davantage d'essais encore pour renverser, dans les mêmes conditions, ce premier apprentissage, et apprendre à tourner ensuite à droite (tâche de réversion). Il sera, en quelque sorte, perturbé par son premier apprentissage. Beaucoup d'animaux se comportent, dans des situations de réversion, comme le ver de terre. Ils font donc, lors de l'apprentissage de la tâche de réversion, davantage d'essais que lors de l'apprentissage de la tâche directe. Seuls quelques animaux sont capables, lors de cet apprentissage difficile de la tâche de réversion, d'effectuer au contraire moins d'essais que lors de l'apprentissage de la tâche directe.

Pour le comprendre, imaginons que nous soumettions un jeune enfant au problème suivant. Dans un grenier bourré de tables, de chaises et d'armoires, on place au centre une petite table ronde, sur la table deux tasses opaques renversées et, sous la tasse de gauche, un bonbon. L'enfant a droit à des essais successifs de durée limitée pour trouver le bonbon. Lorsqu'il l'a trouvé sous la tasse de gauche (tâche directe), on inverse la consigne : le bonbon est mis sous la tasse de droite (tâche de réversion). Il faut très peu d'essais à l'enfant pour comprendre que ce qui était sous la tasse de gauche est maintenant sous celle de droite. Il fait donc une économie d'essais lors de la tâche de réversion. Et une telle économie résulte du fait qu'il est capable de s'aider de règles : il a trouvé la règle cognitive qui lui permet de transférer la réponse de la gauche à la droite, alors que le ver de terre devait effectuer, sans règle, tout un réapprentissage d'une nouvelle tâche contradictoire de la première. L'économie d'essais en réversion est donc corollaire de la capacité qu'a le cerveau d'élaborer des *règles cognitives* : seule la règle abstraite acquise en même temps que la tâche directe permet à certains animaux de faire ce que fait l'enfant de notre exemple – économiser des essais dans la tâche de réversion.

Si l'on analyse très globalement (Médioni et Robert, 1969) le règne animal à l'aide de ces six catégories, on constate que l'habituation et la tendance à l'alternance se retrouvent dans la plupart des groupes, depuis les plus simples jusqu'aux plus complexes comme les vertébrés ou les insectes. On trouve en effet la tendance à l'alternance même chez des protozoaires comme les paramécies si l'on en croit les travaux de Lepley et Rice (Lepley et Rice, 1952). En simplifiant un peu, on peut dire que les conditionnements, pavloviens comme skinnériens, apparaissent avec les animaux tridermiques, les vers notamment (Chapouthier, Legrain et Spitz, 1968) (Sahley, 1995). Les invertébrés à système nerveux ventral – vers (Chapouthier, Legrain et Spitz, 1968) (Sahley, 1995), mollusques (Boal, 1996) (Byrne, Zwartjes, Homayouni, Critz et Eskin, 1993) (Collin et Alkon, 1992) (Hawkins, Kandel et Siegelbaum, 1993) (Zakharov, 1994), insectes (Greenspan, 1995) (Hirsch et Tomkins, 1994) (Lehrer, 1994)... – vont considérablement développer ces capacités de conditionnement qui atteignent des sommets chez les insectes et notamment les insectes sociaux comme les abeilles ainsi que les mollusques céphalopodes. Ces derniers, par exemple, du fait que l'anatomie de leurs yeux et leurs capacités visuelles sont très proches de celles des vertébrés et du fait que leurs tentacules ont des capacités tactiles, sont capables de conditionnements visuels et tactiles très élaborés.

L'apprentissage de détour ne se trouve que chez les vertébrés et, à nouveau, chez les mollusques céphalopodes (ce qui explique la place particulière qui leur avait été donnée sur la figure 1, à proximité des vertébrés). Nulle part ailleurs, même pas chez les insectes sociaux comme les abeilles, on ne trouve cette capacité de mémoire compliquée faisant appel à une simulation de l'espace, à une carte cognitive. Quant à l'économie d'essais en réversion, on ne la trouve que chez les vertébrés les plus évolués, les vertébrés à sang chaud (mammifères et oiseaux), jamais, semble-t-il, chez les invertébrés ou les mammifères à sang froid (sauf certains reptiles qui occupent une position intermédiaire).

Une mémoire en patchwork

On voit donc apparaître, dans l'évolution des espèces animales, des niveaux d'organisation de la mémoire de plus en plus complexes, liés à la complexification progressive du cerveau. Cependant, à chaque fois, les niveaux d'organisation plus complexes ne viennent pas remplacer les plus frustes, mais les compléter. Tel insecte, capable des conditionnements les plus compliqués, le reste d'habituation et d'alternance. Tel céphalopode, capable de détour, reste capable de conditionnements, d'habituation ou d'alternance. Tel mammifère, capable d'apprentissage de règles cognitives comme en témoigne l'économie d'essais en réversion, le reste de détour, de conditionnements, d'alternance et d'habituation.

Il s'ensuit que la mémoire humaine qui, subjectivement, nous semble bénéficier d'une certaine unité, est en fait une sorte de « patchwork » de mémoires particulières, très hétérogènes, apparues au fur et à mesure de l'évolution de nos facultés mentales (Chapouthier, 1994). Cette hétérogénéité évolutive de la mémoire humaine, parallèlement bien sûr à l'hétérogénéité anatomique observée dans nos organes, est sans doute le premier apport de l'étude de la mémoire animale à la compréhension de la mémoire humaine. Elle n'exclut pas d'autres hétérogénéités, surtout perceptibles sur les animaux les plus élevés dans l'arbre généalogique (vertébrés supérieurs et surtout espèce humaine) comme celles sur lesquelles ont été effectuées beaucoup de recherches psychologiques et neuro-biologiques modernes et qui tendent à opposer :

– selon un axe temporel, une « mémoire de travail » transitoire (Baddeley, 1992) à une « mémoire de référence » plus définitive ;

– selon un axe d'abstraction, une mémoire des gestes et des habitudes (appelée « procédurale » ou « implicite ») à une mémoire des significations (appelée « déclarative » ou « explicite » (voir (Chapouthier, 1994) (Schacter et Tulving, 1996). Ces travaux conduisent à raffiner les catégories et donc à enrichir le patchwork.

Toutes ces considérations laissent penser que, même si le sujet conscient présente sur le plan mnésique une certaine intégration en ce sens qu'il fait appel, au moment voulu, pour résoudre un problème particulier, à tel ou tel type de mémoire, il est, dans la construction de ses mémoires, fondamentalement hétéroclite. J'ai parlé de patchwork. Ce patchwork recouvre ce que j'ai appelé plus haut, de façon générale, une « mosaïque ». Malgré ce qui nous paraît être l'unicité de notre mémoire, cette fonction centrale de notre pensée comporte, elle aussi, des traits de mosaïcité bien marqués.

L'importance de la règle

Parmi toutes ces étapes évolutives des phénomènes de mémoire, l'une des plus importantes, caractéristique, nous l'avons vu, des vertébrés à sang chaud, nous paraît être celle de la règle. Sans mettre en cause le bien-fondé d'autres découpages conceptuels dans les phénomènes mnésiques, particulièrement dans l'étude de la mémoire humaine (Schacter et Tulving, 1996), c'est en effet l'acquisition de règles qui est le support de la pensée cognitive. Cette capacité à faire des règles trouve bien sûr son apogée chez l'homme.

Mais les nombreux travaux effectués ces dernières années sur les anthropoïdes comme le chimpanzé ou le gorille, visant notamment à leur apprendre des rudiments ou des prémices du langage (Premack, 1999) (Vauclair, 1996) ; voir aussi la discussion de Jean-Didier Vincent (Ferry et Vincent, 2000), p. 175-180) montrent que ces capacités sont également très développées chez les primates proches de l'homme. Chez les chimpanzés, l'apprentissage de prémices du langage a tenu compte du fait que le chimpanzé dispose (contrairement au perroquet par exemple) d'un fonctionnement vocal mal adapté au langage articulé. Plusieurs méthodes ont été utilisées pour le faire communiquer différemment : langage gestuel des sourds-muets, affichage de formes magnétiques colorées sur un tableau, affichage de signes sur un écran d'ordinateur. Grâce à ces apprentissages en laboratoire, certains chimpanzés doués (qui sont souvent des femelles) se sont montrés capables d'utiliser à bon escient quelques dizaines de « mots ». La question de savoir s'il y a bien acquisition d'un minimum de syntaxe reste un débat ouvert entre les spécialistes mais qui n'importe pas ici. Il est clair que les chimpanzés maîtrisent un grand nombre de règles abstraites, qu'ils parviennent ou non à la maîtrise d'une syntaxe. Les anthropoïdes sont également capables d'activités de classement d'objets (selon la forme, selon la couleur…) qui entrent aussi dans la catégorie des règles. À ces règles strictement cognitives, il faudrait sans doute ajouter les règles sociales, dont la part cognitive resterait à déterminer. La plus célèbre est la tendance à la restriction de l'inceste, commune à toute la lignée des primates, depuis les singes – y compris non anthropoïdes – jusqu'à l'homme (voir Chapouthier, 1977).

Si les anthropoïdes ont pu faire preuve de capacités spectaculaires dans ce domaine des apprentissages de règles, on trouve, bien sûr, des exemples aussi chez tous les autres animaux à sang chaud. Ainsi Herman et ses collaborateurs ont pu apprendre à des dauphins à exécuter des instructions qui leur sont fournies par l'homme sous forme de signes gestuels arbitraires (voir Vauclair, 1996). Chez le rat, nous avions nous-mêmes pu montrer, en collaboration avec Tatiana Alexinsky (Alexinsky et Chapouthier, 1978), l'existence de règles cognitives. Je décrirai ce résultat à titre d'exemple. Le principe du modèle était le suivant (voir aussi figure 10) : la réponse de l'animal assoiffé consistait, pour obtenir une récompense (de l'eau), à opérer un choix parmi trois boîtes différentes qui lui étaient présentées simultanément. Cette session de test était précédée d'une session d'acquisition durant laquelle on lui présentait celle des trois boîtes qu'il devait ensuite choisir. À chaque séance correspondait une boîte différente choisie aléatoirement parmi les trois possibles. En d'autres termes, l'animal devait apprendre la règle suivante : « Lors de la session de test, je trouverai de l'eau dans une boîte identique à la boîte particulière dans laquelle je viens d'être placé lors de l'acquisition. » Cet apprentissage nécessitait plusieurs semaines, mais était ensuite bien acquis par les animaux, en ce sens que leur score de réussite demeurait stable dans les semaines voire les mois qui suivaient.

De nombreux travaux ont révélé des capacités

Figure 10 – Apprentissage d'une règle
chez le rat

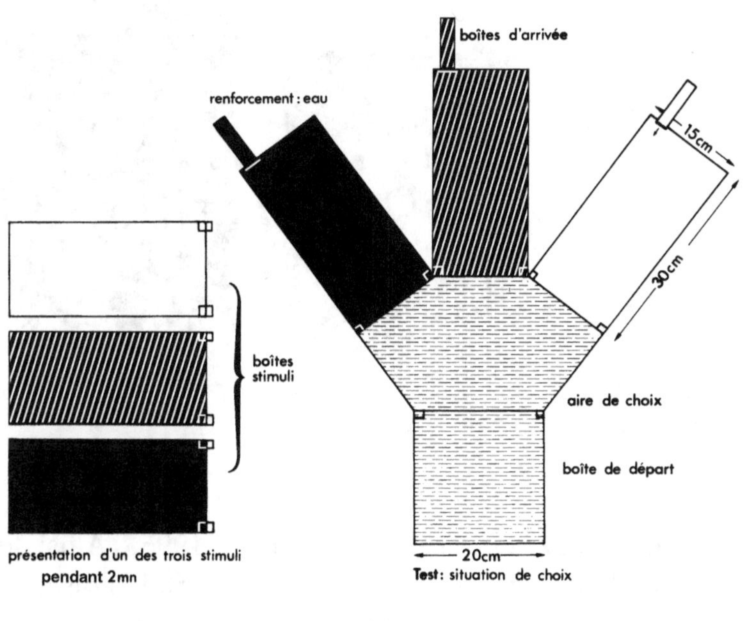

(A)

On peut, dans le dispositif présenté ici (Alexinsky et Chapou-thier, 1978) mettre en évidence la capacité de rats à apprendre une règle abstraite. On a figuré en (A) un schéma du dispositif. Le rat est *placé* dans l'une des trois boîtes figurées à gauche, qui diffèrent par la teinte (plus ou moins foncée), la texture du plancher et des indices olfactifs et visuels. Il doit ensuite effectuer un *choix* dans l'appareil figuré à droite, et retrouver, pour obtenir une récompense, une boîte « similaire à la boîte dans laquelle il a été placé ». Bien entendu, la boîte (à gauche) dans laquelle il est placé lors des essais successifs change, de façon aléatoire, parmi les trois possibles. La règle, pour l'animal, est donc : « retrouver une boîte analogue à celle dans laquelle je viens d'être placé ». La photo (B) montre le choix devant lequel se trouve finalement l'animal. Les rats réussissent très bien cette tâche après un apprentissage d'environ un mois.

(B)

étonnantes chez les oiseaux (Chauvin, 1996). Ainsi le groupe de Koehler a pu démontrer que certains oiseaux possédaient la notion de nombre et, dans les meilleurs cas (certains corbeaux, perroquets), ils pouvaient maîtriser l'abstraction du nombre jusqu'à sept ou huit. Une abondante littérature porte également sur les conditionnements chez le pigeon : on peut apprendre à des pigeons à picorer une clé donnant accès à de la nourriture, uniquement lorsqu'on leur présente une diapositive particulière, par exemple représentant la mer. On peut ensuite voir jusqu'où ils peuvent généraliser la règle. L'expérience montre qu'ils sont capables d'appuyer sur la clé chaque fois que se présente une étendue d'eau *quelle qu'elle soit*. Par les mêmes techniques de conditionnement, on peut voir que les pigeons peuvent aussi généraliser la forme d'une lettre d'alphabet écrite de diverses manières, de la même façon que nous le faisons, ou encore qu'ils sont capables de distinguer la notion d'« objet nouveau » par rapport à des objets déjà vus.

Toujours sur les oiseaux, on peut citer les travaux effectués en France par le groupe de Rémy Chauvin à Ivoy-le-Pré, qui ont pu vérifier la capacité à généraliser des formes chez les merles ou la capacité à trouver une « suite logique de formes » chez les geais, un problème qui, d'une autre manière, est posé à l'homme dans les tests dits « de quotient intellectuel » (QI) ! Le même groupe a trouvé que les perroquets étaient particulièrement doués dans le classement spontané des objets de même couleur ou de même forme dans des boîtes séparées. Ils peuvent aussi répondre à un affichage d'instructions, comme « choisir parmi d'autres et ranger un objet dont la forme (triangle), ou encore la couleur, est affichée ». Cette dernière expérience rappelle celle sur les rats que j'avais effectuée avec Tatiana Alexinsky, où les rats devaient « choisir parmi d'autres la boîte dont la forme leur avait été préalablement présentée ». Enfin les pics épeiches ont montré qu'ils étaient capables de comprendre et d'anticiper les effets d'une loi physique, celle de la pesanteur qui fait tomber les objets.

Je conclurai cette série d'exemples d'apprentissages de règles par les animaux à sang chaud par les travaux spectaculaires d'Irène Pepperberg (Pepperberg, 1998) aux États-Unis sur les perroquets. Cette chercheuse utilise une méthode d'apprentissage originale appelée « méthode du modèle et du rival ». Elle consiste à mettre en présence le perroquet avec deux êtres humains qui se disent mutuellement le nom des objets qu'ils ont en main et dont l'un est récompensé s'il fait une réponse correcte. Cette situation

« sociale » semble stimuler de façon considérable l'attention et l'apprentissage des perroquets. Grâce à cette méthode, Irène Pepperberg a pu montrer que certains perroquets particulièrement doués s'avéraient capables de tâches symboliques et conceptuelles très complexes. Ils peuvent comprendre jusqu'à cinquante « mots », classer des objets selon la forme ou la couleur, comprendre les notions abstraites de « semblable » et de « différent » ou celle de taille relative des objets. Selon Pepperberg, ces capacités sont d'un niveau comparable à celui que l'on peut estimer chez les anthropoïdes ou les dauphins ! On pourrait, bien sûr, multiplier de tels exemples d'apprentissage de règles abstraites chez les vertébrés à sang chaud.

Cette capacité à apprendre des règles cognitives est peut-être liée à des modalités originales du fonctionnement cérébral, qui, elles aussi, n'existent que chez les vertébrés à sans chaud. Bien que les bases physiologiques des règles cognitives restent encore très mal comprises, on ne peut s'empêcher de remarquer qu'il existe, chez les oiseaux et les mammifères – et chez eux seuls –, une manière particulière de consolider la mémoire pendant le sommeil. On met en effet en évidence chez ces animaux l'existence de deux types de sommeils très différents (Jouvet, 1992). Le premier est un sommeil réparateur dit « à ondes lentes » parce que, contrairement à l'état de veille, les ondes que l'on peut enregistrer sur l'électroencéphalogramme durant ce stade sont lentes. Le second est dit « sommeil paradoxal » parce que, durant ce stade, les ondes que l'on peut enregistrer sur l'électroencéphalogramme sont, paradoxalement, rapides, comme celles d'un sujet éveillé ! Ce sommeil paradoxal correspond grossièrement aux moments où l'animal rêve (Jouvet, 1992).

On sait aussi que, durant ce sommeil paradoxal, les mammifères (et probablement aussi les oiseaux, bien que la question n'ait guère été étudiée chez eux) révisent et mûrissent les connaissances qu'ils ont acquises durant la veille (Leconte et Bloch, 1970) (Leconte et Hennevin, 1971). L'avenir permettra de montrer si le rapprochement que je propose ici, entre une aptitude cognitive (l'acquisition des règles) et un processus physiologique (le sommeil paradoxal), tous deux spécifiques des vertébrés à sang chaud, était ou non légitime.

Binarité de la pensée

On a souligné, à plusieurs reprises dans le courant de cet exposé l'importance de la binarité dans les caractéristiques anatomiques des animaux et de l'homme. Certains auteurs se sont attachés à la démontrer également dans le cadre de la pensée. Ainsi le philosophe Franck Tinland (Tinland, 1977) qui, comme on le verra par la suite, s'est attaché à analyser les déterminants innés et acquis du fonctionnement cérébral humain, parle d'un « fonctionnement binaire de la pensée » (p. 281), en ce sens qu'elle procède par des interactions au sein de couples de concepts. Une telle binarité ne peut manquer de faire songer également à la notion de contradiction, chère aux dialecticiens, qu'ils soient idéalistes comme Hegel et ses successeurs ou matérialistes comme Engels et ses partisans. Pour les dialecticiens, la pensée procède (et progresse) par de telles contradictions, oppositions transitoires entre deux moments du discours. Le grand mérite d'Engels est d'avoir enraciné cette dialectique (hégélienne) de la pensée dans une « dialectique de la nature » (Engels, 1955). Un tel enracinement rejoint évidemment les thèses développées dans cet essai et qui visent à trouver les origines de certains des caractères de l'homme dans les caractères de la nature dont il est issu. Quant à la pensée, même si elle ne se résume évidemment pas à de telles binarités, même si elle accède ensuite à des phénomènes opératoires plus complexes, on ne peut manquer de souligner à son propos l'intervention de la binarité, parallèlement à ce qui avait été décrit plus haut sur les plans anatomiques et cérébraux.

La mosaïcité interindividuelle et la liberté

À un niveau supérieur à celui de l'individu, on peut admettre que la juxtaposition s'effectue non plus spatialement, mais socialement. Dans tout le règne animal, là où les individus s'associent pour effectuer certaines tâches, les structures de base seraient alors les animaux intégrés à trois feuillets. Leur juxtaposition constituerait les sociétés et leur intégration la hiérarchie sociale. En ce qui concerne l'homme, l'importance de la structuration sociale tombe sous le sens. Comme le formule de façon imagée le philosophe André Clair (Clair, 2000) : « L'homme existe comme être social et relationnel, non pas comme être insulaire et atomisé » (p. 19). Certaines sociétés animales semblent cependant beaucoup plus intégrées que d'autres. Tout le monde connaît les performances des sociétés d'abeilles, de termites ou de fourmis, même si l'homme n'envie sans doute guère leur mode de vie. Les sociétés humaines sont – heureusement pour notre mode d'être en tant qu'humains – intégrées de façon moins complète, et, partant, moins rigide. L'individu y garde son indépendance relative et sa liberté d'agir, limitées, dans les sociétés démocratiques, par des lois fondées sur l'impératif de ne pas nuire à autrui. En d'autres termes, sur le plan social, c'est la persistance même d'une mosaïcité des individus par rapport à la société, d'une non-intégration dans un moule social absolu et rigide, qui est garante de notre liberté. L'espèce humaine doit à son caractère mosaïque qui persiste sur le plan social d'être ce qu'elle est : une collection d'individus à la fois liés par les contraintes d'une intégration sociale mais aussi libres d'agir indépendamment à l'intérieur même de la société.

Cette remarque conduit à considérer la mosaïcité sous un angle nouveau. Sur un plan évolutif et anatomique, nous l'avions considérée comme un résidu imparfait de l'intégration, une sorte de raté de la dynamique évolutive, même si une certaine redondance des organes ou des fonctions pouvait avoir un intérêt en cas d'accident, pour assurer des remplacements ou des suppléances. Au niveau de l'interaction entre les individus, elle apparaît maintenant comme un état nécessaire à l'exercice de notre liberté et donc un élément constitutif de notre qualité d'être humain. En même temps, comme l'a proposé Karli (Karli, 1995), elle permet d'intégrer la liberté dans le processus évolutif. « C'est grâce aux interactions que l'individu biologique, l'acteur social et le sujet réfléchissant se constituent et s'approprient activement l'environnement qui leur est propre », écrit-il (p. 329). Bien entendu, ces interactions sont gérées par le cerveau qui « crée les conditions de possibilité de la mise en jeu délibérée de cette faculté d'autodétermination » (p. 330), c'est-à-dire de liberté. Ce processus, qui atteint chez l'homme son extension maximale, est amorcé dans toute l'évolution. Ainsi chez les mammifères : « L'histoire évolutive des relations que les mammifères entretiennent avec leur environnement, de même que l'ontogénèse humaine, se caractérisent par la libération progressive de certaines contraintes, avec l'acquisition d'une autonomie de plus en plus marquée (Karli, 1995) (p. 285). Simplement cette autonomie, cette liberté, ce trait constitutif des animaux, particulièrement des animaux dits « supérieurs », et de l'homme, remarquablement décrit par Karli, peut être envisagé, à la lumière des considérations sur la mosaïcité, comme un défaut utile, un manque fructueux, dans l'intégration des individus au sein d'une entité d'ordre supérieur, plus large, la société.

Cela ne veut pas dire qu'aucune intégration ne soit possible à ce niveau. Tout en respectant la mosaïcité des individus, donc leur liberté, on peut parfaitement imaginer que leurs interrelations soient meilleures, que le tissu social évolue dans un sens plus harmonieux, voire plus fraternel. C'est un peu ce qu'a proposé le philosophe chrétien Alfredo Gomez-Muller (Gomez-Muller, 1999), mais son propos peut sans difficulté être repris par des penseurs se réclamant d'autres doctrines. S'opposant à des philosophies morales post-kantiennes qui refusent de donner un sens à la vie humaine, Gomez-Muller propose une éthique fondée sur l'intersubjectivité, sur les relations humaines considérées à la fois dans leurs pratiques individuelles et dans la totalité de leur chemin évolutif commun. On pourrait dire, sur une relation entre la mosaïcité qui conditionne la liberté et une intégration harmonieuse vers un mieux-vivre commun. Mais en voulant décrire une intégration possible au niveau social, je débouche, par là même, on le voit, sur des problèmes de morale, sur lesquels je reviendrai amplement plus loin.

Mosaïcité de la sexualité humaine

Quand on parle des performances liées à la pensée humaine, on évoque souvent des aptitudes abstraites comme le langage, les mathématiques ou le jeu d'échecs. Il est cependant un domaine essentiel où l'homme s'exprime avec les attitudes de pensée qui sont celles de son espèce, c'est la sexualité. Sans vouloir développer ici outre mesure cette question, on analysera tout d'abord la sexualité chez nos ancêtres les petits singes ou les lémuriens, qui sont nos plus lointains parents dans la lignée des primates. Chez ces ancêtres, la sexualité a une fonction surtout reproductrice, très marquée, comme chez les chats, lors de périodes fertiles limitées dans l'année. En dehors de ces périodes fertiles apparaissent des comportements sexuels plus ludiques (des chevauchements entre individus), hétéro- ou homosexuels, sans visée reproductrice immédiate. Au fur et à mesure que l'on monte dans la lignée des primates, pour aboutir finalement aux animaux les plus évolués de cette lignée, c'est-à-dire les chimpanzés et les hommes, on assiste à une réduction de l'importance reproductrice de la sexualité et à un accroissement des relations sexuelles ludiques ou sociales avec une grande variété de jeux sexuels.

On peut en tirer deux conclusions. La première, que c'est en pratiquant un nombre plus grand de copulations sans visée reproductrice, tout au long de l'année, et un plus grand nombre de jeux sexuels, que le chimpanzé et l'homme s'éloignent du comportement de leurs ancêtres : l'accroissement de l'activité sexuelle est donc un critère d'évolution dans notre lignée, contrairement à ce qu'ont voulu faire croire des moralistes douteux. La seconde, que les jeux sexuels des chimpanzés et de l'homme – et sans doute plus encore de l'homme que du chimpanzé – sont d'une très grande variété, comme l'ont souligné la plupart des sexologues. Une mosaïcité peut donc être relevée dans le comportement sexuel de l'homme, qui est aussi une des facettes de sa liberté : liberté pour l'individu de choisir, parmi une grande palette d'activités sexuelles possibles, celles qui correspondent le mieux à ses goûts.

Néoténie du cerveau humain, surgissement de l'humanité

La thèse néoténique de l'espèce humaine a été proposée par Bolk (Bolk, 1960). La néoténie est un phénomène évolutif propre à certaines espèces qui consiste en ceci que les individus juvéniles ou larvaires peuvent se reproduire. Ou encore comme le formule François Jacob (Jacob, 1991) : « Tout se passe comme si certains animaux pouvaient pour ainsi dire se débarrasser de la part terminale de leur vie pour reconstruire un nouveau cycle fondé sur les formes de la larve ou de l'embryon » (p. 78). Parler de néoténie dans l'espèce humaine revient à dire que l'homme présente des traits de singe juvénile : comme le dit Tinland (Tinland, 1977), selon « l'interprétation néoténique de l'anthropogenèse, l'homme est, du point de vue corporel, un fœtus de primate parvenu à maturité sexuelle » (p. 63). Les arguments que l'on peut apporter à l'appui de cette thèse sont nombreux. Ainsi, sur le plan anatomique, l'homme, comparé à d'autres primates, a une grosse tête, de gros yeux, une musculation et une pilosité réduites. Desmond Morris, dans un livre célèbre (Morris, 1967) l'avait d'ailleurs caractérisé comme un « singe nu ». Tous ces traits anatomiques peuvent faire penser à une forme juvénile ou fœtale de singe. Mais la thèse néoténique de l'espèce humaine, qui n'aurait sur le plan strictement anatomique qu'un intérêt anecdotique, présente surtout un grand intérêt philosophique par les conséquences cérébrales et culturelles que l'on peut en tirer.

On peut en effet imaginer, à la suite de Franck Tinland (Tinland, 1977), que le cerveau de l'homme lui-même est néoténique, donc immature. Le primatologue Frans De Waal (De Waal, 1992) remarque : « Comparés aux autres primates, les êtres humains ont une maturation retardée » (p. 313). Ce serait alors du fait même qu'il n'est adapté à rien que l'homme devrait s'adapter à tout ; selon Tinland : « L'équipement naturel qui le caractérise [...] rend l'être humanisable *bon à tout*, mais dans l'immédiateté de son organisation native *propre à rien* » (p. 75). Ce que l'homme a compensé par un développement de l'artificiel, sans équivalent en quantité dans le reste du monde animal. Un développement que l'on peut aussi qualifier de culturel si, suivant la définition d'Auroux (Auroux, 1990), on conçoit la culture comme « l'ensemble de médiations symboliques et techniques qu'un certain groupe humain a constituées entre lui-même et son environnement naturel pour satisfaire ses besoins (p. 75). Il s'ensuit que l'immense production artificielle ou culturelle de l'humanité – qui peut se regrouper autour de l'outil, de la règle et de la pensée symbolique (Chapouthier, 1977) – à peine esquissée dans l'animalité, à peine développée dans la chimpanzéité, aurait trouvé dans ce gros cerveau immature, son origine même. L'adaptation de l'homme à tout, qui a induit son immense production technique et culturelle, trouverait dans son caractère néoténique, c'est-à-dire juvénile, une grande part de ses racines. C'est également ce que formule, d'une manière plus imagée, Stephen Jay Gould (Gould, 1997) lorsqu'il affirme : « La flexibilité est la marque caractéristique de l'évolution humaine. Si les humains ont évolué, comme je le pense, par néoténie [...] c'est à perpétuité que nous sommes des enfants, et cela en un sens qui n'est pas seulement métaphorique » (p. 374).

On verra plus loin l'importance des ébauches de l'humanité, amorcées dans l'animalité en général et chez les anthropoïdes en particulier et qu'il importe de ne pas négliger. Ainsi Hottois (Hottois, 1996), qui analyse avec rigueur l'activité technique de l'homme et sa spécificité dans la symbolisation, a sans doute tort de ne pas rattacher ces comportements humains à leurs prémices dans l'animalité. Ces prémices, sans effacer pour autant la spécificité de l'humain, témoignent de la gradualité qui, par l'évolution, mène des ancêtres de l'homme à l'homme lui-même. De même Dominique Bourg (Bourg, 1996), s'il montre fort justement que l'homme est technique et qu'il n'y a pas d'humanité sans artifice, gagnerait beaucoup à enraciner ce qui peut apparaître comme un discours anthropocentré dans les origines évolutives de notre espèce. Mais ces racines incontestables ne doivent pas masquer pour autant ce qui fait la spécificité de l'homme : une écrasante production artificielle.

Ici se place donc l'importance de l'activité culturelle de l'homme. L'homme reprend certes un mouvement déjà amorcé chez ses parents pas trop éloignés, les animaux dits « supérieurs », dont le développement de la mémoire notamment avait permis l'acquisition de connaissances utiles, non directement imprimées dans les déterminants biologiques de base comme les gènes. Mais, comme l'ont bien vu Tinland ou Hottois, l'homme, sans doute grâce aux caractéristiques néoténiques de son cerveau, a pu développer ces traits de façon exponentielle. La capacité de faire des outils explose dans l'espèce humaine, qui met de l'artificiel partout, pour compléter ou remplacer le naturel : vêtements, habitations, moyens de déplacement, de communication, d'action sur l'environnement, prothèses médicales, etc. Le développement exponentiel de cette capacité se retrouve dans la faculté, inconnue chez les autres espèces, de fabriquer « des outils à faire des outils ». La règle et la pensée symbolique acquièrent, dans les codes et les langues manipulés par l'homme, une extension jamais vue dans le monde vivant. On analysera plus loin l'importance, centrale pour notre espèce, des codes moraux. Par l'artifice, par les artefacts qu'il sait produire, l'homme peut aussi corriger les défauts de sa nature. Il atteint donc une dimension philosophique originale qui touche à des catégories non biologiques et qui est spécifique à son espèce. Il importe de souligner vigoureusement ici ce surgissement de l'humanité, ce passage où, sans rupture, l'animalité débouche sur la spécificité humaine, afin de ne pas tomber dans un naturalisme qui ferait de l'homme un animal exactement comme les autres.

Au passage, on peut remarquer, sur un plan plus

anecdotique, que, dans le cadre même de son activité artificielle ou culturelle, l'homme accentue aussi souvent les traits anatomiques juvéniles qu'il possède naturellement. En témoignent, dans beaucoup de cultures, le rasage de diverses pilosités ou l'accentuation, par le maquillage, de caractères juvéniles comme la taille relative des yeux.

Le but de cet essai n'est pas de décrire dans le détail, ni même dans ses grandes lignes, l'immense capacité de l'homme à produire de l'artificiel : le témoignage multiforme des sciences humaines est suffisamment éclairant à cet égard. Je reviendrai cependant sur le point particulier essentiel que constitue l'activité morale dans la dernière partie de mon propos.

Néoténie et variabilité

Parce qu'il n'était adapté à rien, l'homme, ce néoténique, ce fœtus de singe amélioré, a dû s'adapter à tout. Ce primate mosaïque, nu comme l'avait remarqué Desmond Morris et fragile devant le monde, tire une large part de sa spécificité de sa capacité immense d'adaptation. Par là même, l'homme crée partout des modes de vie, des cultures, exprime des normes, propose des lois, envisage des solutions scientifiques ou artistiques aux problèmes qu'il rencontre. Il s'ensuit, dans l'édifice des cultures de l'humanité, une immense variabilité. Sur ce plan, l'homme peut presque tout : quitter son milieu pour affronter des températures très froides ou très chaudes, voire des environnements situés hors de la biosphère comme l'espace, remplacer ses organes par des systèmes artificiels (c'est le cas de la plupart des organes du corps, à l'exception, pour l'instant, du cerveau !), substituer, s'il le souhaite, à sa diète partiellement carnée une diète végétarienne, manipuler sa biologie, les modalités de sa gestation ou de sa naissance et bientôt ses gènes... On pourrait multiplier les exemples. On trouve certes des éléments de protoculture chez certains animaux évolués – maniement des outils simples, systèmes de communication, ébauches de langages, amorces de symbolisation –, mais, en aucun cas, ce foisonnement infini qui paraît être la spécificité de notre espèce.

Bien sûr, toutes ces actions humaines posent aussi de nombreux problèmes moraux qu'on n'abordera pas ici. Sur un plan fondamental, on voit comment la néoténie conduit à la variabilité culturelle. Par le truchement de son cerveau néoténique et malléable, l'homme accède à une mosaïcité culturelle, à peine esquissée chez ses ancêtres ou ses cousins, qui vient accentuer la mosaïcité interindividuelle reconnue plus haut sur le plan purement anatomique, et renforcer, s'il en était besoin, l'apport de la mosaïcité à la liberté humaine.

C'est aussi parce qu'il est divers que l'homme est libre.

Rationalité et irrationalité de l'homme

Quand on parle de pensée rationnelle ou d'attitude rationaliste, on pense tout de suite à de doctes thèses philosophiques ! En fait, parler de tout ce qui touche à la rationalité est extrêmement simple : cela consiste à reconnaître l'action des lois du monde. Bien sûr, cela aboutit finalement à la science, puisque la science, c'est la compréhension rationnelle du monde. Mais, d'une façon plus générale, toute personne, tout être qui envisage d'appliquer sa raison à la compréhension des lois du monde est rationaliste. D'une façon ou d'une autre, tout homme qui adopte une attitude rationnelle, est rationaliste. Nous sommes donc tous rationalistes. La question que l'on sera amené à poser plus loin, c'est : ne sommes-nous que cela ? Mais, dans un premier temps, attachons-nous à cette rationalité universelle.

Arrêtons-nous un instant sur nos plus proches parents, les vertébrés dits « supérieurs ». En reprenant ce terme « vertébrés supérieurs », je ne veux pas dire, bien entendu, que d'autres systèmes vivants (insectes, mollusques, voire bactéries...) n'ont pas réussi, eux aussi, à leur manière, le chemin évolutif. Mais il reste que je me pose, en fin de compte, la question de l'homme, d'un être qui, par son important cerveau, est capable de simuler le monde et de raisonner ; force m'est donc de comparer l'homme à ses plus proches parents. Ces derniers en tant qu'êtres vivants obéissent aux processus biologiques que je viens d'énoncer : ils mettent au monde des petits voués à la douleur et à la mort afin de perpétuer l'espèce et donc d'assurer cette gestion particulière de la thermodynamique. Ils maintiennent, coûte que coûte (la lutte pour la vie, le « struggle for life » de Darwin) le défi précédemment évoqué, par lequel la vie, tout en obéissant aux lois de la physique, a la faculté de combattre, localement et transitoirement, le nivellement thermodynamique. Mais une fois nés, les petits doivent faire l'apprentissage du monde physique et de la dureté de ses lois. Ils doivent savoir se cacher quand le prédateur approche, se défendre face à une agression, subir la loi du plus fort... Le monde physique dans lequel ils vivent va leur rappeler à chaque instant qu'il n'y a pas de salut si l'on n'obéit pas aux contraintes du monde, donc si l'on n'adopte pas, à l'égard de ses lois, un comportement rationnel. Tributaires de l'illusion de contradiction du vivant avec le monde, telle que je l'ai définie à la fin de la première partie de cet essai en montrant que le défi de la vie à l'égard des lois de la physique se présente comme une apparence, les êtres vivants sont alors (ou devraient être) complètement rationnels dans leur comportement quotidien.

Les plus intelligents effectueront un travail de réflexion sur ce monde les menant à une certaine prévision – sur les itinéraires à emprunter, les plantes à consommer, les chants informatifs (oiseaux), les êtres paisibles ou dangereux, etc. Étroitement lié à celui de la mémoire (Chapouthier, 1994), ce développement de l'intelligence animale trouve son sommet dans l'espèce humaine. Par son important cerveau, l'homme pousse à l'extrême cette analyse du monde ; il invente, il simule, il crée des objets théoriques et abstraits qui lui permettent d'interpréter le monde et de raffiner la prévision. Mais, dans l'ensemble, il possède la structure de base d'un vertébré supérieur : obligé à une certaine rationalité dans son comportement quotidien, il cherche par ailleurs à perpétuer son espèce et reprend ainsi, lui aussi, le flambeau de la lutte pour la poursuite de l'exception thermodynamique.

Le développement chez l'homme de la pensée abstraite offre une autre possibilité intéressante : celle de créer des objets virtuels, n'ayant aucun rapport, voire en contradiction absolue, avec le monde physique. Cette fonction essentielle de l'homme, c'est la fonction imaginaire. Car si l'imaginaire peut tout, s'il peut certes créer des entités parfaitement rationnelles (ainsi les fameux « nombres imaginaires » des mathématiciens), il est aussi capable de fabriquer des entités en totale contradiction avec la réalité. Le plus bel exemple en est peut-être l'héritage surréaliste en art. Voici donc un être original, porté par un héritage physique et vivant, bercé donc à la fois par la rationalité du monde et la tentation (apparente) du non-rationnel que j'ai attribuée à la vie à la fin de la première partie de cet essai, porté à la fois par la logique de l'inerte et celle du vivant, et doté d'un appareil performant de simulation qui lui permet de créer des entités rationnelles et des entités virtuelles voire complètement irrationnelles. Comment doit-il se comporter ? Quelle éthique, au sens aristotélicien du terme, doit-il se donner ? Comment peut-il harmoniser ces deux tendances créatives visant l'une à la rationalité, l'autre à la non-rationalité ? Après cette longue digression fondatrice dans l'histoire du monde et l'évolution des espèces, nous voici au seuil de la question que j'ai posée en introduction concernant l'homme.

Un savant, par définition rationaliste dans l'exercice de sa science, peut-il se livrer ailleurs à des démarches non rationnelles, et si oui dans quelles conditions ? Ou, au contraire, parce qu'il est rationaliste dans son travail scientifique, un savant doit-il veiller scrupuleusement à toujours rester dans les bornes de la réflexion rationnelle ? Lui est-il interdit de quitter l'univers rationnel ? Comme je l'ai déjà dit, cette question ne concerne pas seulement les scientifiques de profession. Puisque l'homme s'est lui-même qualifié de savant – « sapiens » – la question concerne chacun d'entre nous. Chaque homme est à sa manière un savant sur le monde. Chaque homme utilise sa raison pour comprendre ce qui l'entoure. La question devient donc : un homme digne de ce nom peut-il avoir des modes de pensée non rationnels ?

Une première réponse serait de limiter la créativité de l'homme à sa seule sphère rationnelle. Dans l'environnement dur qu'il doit affronter, l'homme devrait mettre toute son intelligence au service de ses capacités rationnelles pour améliorer le monde, lutter contre la maladie, la misère, la guerre... Il ne devrait pas perdre son temps à investir dans la création d'entités virtuelles non rationnelles. Il ne devrait pas être artiste ni poète. Il ne devrait surtout pas se compromettre avec l'héritage surréaliste. Toute tentation de non-rationnel serait une erreur ou une perte de temps. À l'extrême, ce pourrait même devenir un danger pour les sociétés humaines. Ainsi certains groupes humains, qui fondent une large part de leur comportement sur des croyances non-rationnelles, voire irrationnelles, non vérifiées, sont amenés à s'opposer brutalement à d'autres groupes qui ne partagent pas les mêmes croyances, comme l'histoire nous en a, hélas, donné de nombreux exemples dans les innombrables guerres ou oppressions dues à l'intégrisme religieux. La pensée non rationnelle, selon cette thèse, serait un désastre pour l'homme. J'appellerai cette thèse « rationalisme absolu ». Je ne la partage pas et je voudrais ici en proposer une autre, selon laquelle un rationaliste peut parfaitement se livrer à des réflexions non rationnelles. Il s'agit donc d'une sorte de « rationalisme relatif ».

Pour un rationalisme relatif,
ouvert sur l'imaginaire

« J'inventerai pour toi la rose », comme l'a formulé Aragon, ou « La Terre est bleue comme une orange », comme l'a écrit superbement Éluard, sont des formules qui, sur un plan rationnel, sont en effet simplement absurdes. Je maintiens cependant que ces réflexions absurdes, issues, à la suite de la révolution surréaliste, de ce que l'homme peut imaginer de plus « non rationnel », offrent une grande pertinence quant au vécu existentiel. Elles sont, en un sens, l'expression d'une manifestation de la vie dont j'ai voulu trouver l'origine dans la théorie de l'évolution mais qui se manifesterait ici, sur le plan de la pensée, par l'affirmation d'entités qui n'obéissent pas aux lois du monde, et même sont délibérément en conflit avec elles. Leur pertinence se situe dans le fait qu'elles véhiculent une autre sémantique dans laquelle le sujet pourra trouver matière à rêverie personnelle, un cheminement parfois inconscient vers d'autres possibles, une ouverture sur des horizons imaginaires différents du monde où nous vivons.

On pourrait faire valoir que la poésie, même dans les exemples cités ci-dessus et présentés comme rationnellement absurdes, obéit cependant à des normes rationnelles dans la mesure où les mots de la langue et leur organisation répondent à des rationalités sémantiques ou syntaxiques, ou bien que la démarche poétique est une forme de rationalité particulière, une sorte de jeu rationnel, de rationalité ludique.

Mais d'abord il ne faut pas exagérer la rationalité du langage : on s'aperçoit souvent de son caractère ambigu. Nous donnerons à ce propos quelques exemples tirés de l'article de la psychologue Berthille Pallaud (Pallaud, 1995). L'ambiguïté du langage repose, selon elle, sur trois caractéristiques qui sont en même temps des pièges du sens : la segmentation appropriée de la masse sonore, la polysémie (c'est-à-dire la multiplicité des sens) et la contextualisation. Exemple de difficulté de segmentation de la masse sonore par un enfant : « L'enfant qui demande s'il peut prendre la pomme et à qui il est dit *oui mais auparavant il faut la peler* [et qui] crie alors *pomme* et va au compotier » (p. 77). Exemple de polysémie : « Cette chaise est en quoi ? locuteur 2 – *elle est en bambou*, locuteur 3 – *elle est en solde* » (p. 78). Exemple de contextualisation : « La 1 et la 4 sont les deux lignes du métro de Paris les plus chaudes. Sans plus de précision, il est impossible de savoir s'il est question de chaleur ou de danger » (p. 79). Pallaud multiplie ce type d'exemples et montre comment les humoristes font de ces ambiguïtés un usage courant. On pourrait ajouter que l'on mesure également toute la difficulté liée à l'ambiguïté et à la non-rationalité du langage lorsqu'on veut traiter le langage par des ordinateurs. C'est même là l'une des difficultés principales de cette recherche qui rend particulièrement difficile la traduction par les ordinateurs ou leur expression orale. La rationalité du langage est donc limitée, partielle.

En outre, plus fondamentalement, si l'on peut trouver (heureusement) de telles rationalités langagières, sémantiques ou syntaxiques, voire conceptuelles dans la construction même de la pensée poétique la plus surréaliste, elles ne sont pas rationnelles dans le même sens que celui que nous avons appliqué à la compréhension rationnelle du monde. Le vécu poétique renvoie à un univers symbolique et, contrairement aux faits scientifiques, les symboles n'ont pas une signification précise et univoque. Ils dépendent de l'interprétation du sujet et, par définition, ont des significations multiples. La poésie n'est donc pas un domaine rationnel. Il reste qu'elle est l'exemple type de ces objets virtuels qu'il n'est nullement interdit à un rationaliste de manipuler, pourvu – et cette réserve est essentielle – qu'il les comprenne bien comme *relevant d'un autre ordre que celui de la rationalité scientifique*.

On rejoint d'ailleurs là une opposition bien classique entre poésie et rationalité, qui trouve même un écho dans le langage populaire quand il évoque des discours « sans rime ni raison » ! C'est également ce qu'ont évoqué des écrivains et des poètes. Ainsi, Musil oppose clairement le domaine « ratioïde » de la science et le domaine « non ratioïde » de la littérature : « Si le domaine ratioïde était celui de la règle avec exceptions, le domaine non ratioïde est celui où les exceptions l'emportent sur la règle » (cité par P. Chardin (Chardin, 1998), p. 261). Et même Valéry (Valéry, 1931) rêve (p. 6), à côté de l'hermétisme de la poésie représenté par Dionysos, d'un Apollon rationnel, d'un dieu « qui repousse le mystère, qui ne fonde pas sa puissance sur le trouble de notre sens... ». On pourrait multiplier les citations.

L'art, c'est la vie

On pourrait également donner bien d'autres exemples depuis les contes de fées jusqu'aux essais de science-fiction ou de fantastique. À mon avis, il n'est nullement interdit à un rationaliste de composer des histoires de loups-garous ou de civilisations intergalactiques, pourvu qu'il soit bien clair dans l'esprit de l'auteur comme dans celui du lecteur qu'il s'agit là d'un monde virtuel et pas du réel. Il n'est pas interdit de rêver à d'autres univers ; ce qui est interdit (au rationaliste), c'est de croire à leur réalité. D'une façon encore plus générale, au-delà de ces exemples littéraires, toute l'activité artistique de l'homme pourrait être apportée comme témoignage de ses préoccupations non rationnelles. Avec les mêmes réserves que pour la poésie (on peut trouver des aspects rationnels ponctuels dans certaines activités artistiques comme la construction organisée de certains textes musicaux ou de certaines toiles abstraites), les arts qui, comme l'avait remarqué Malraux, sont un « anti-destin », sont aussi souvent rêve d'un envol hors des contraintes du monde physique, hors de la grille de lecture rationnelle de la réalité. Ils reprennent le flambeau d'une autre manière de gérer l'énergie, portée depuis le début par le monde vivant, qui visait à combattre, tout en les respectant, les lois du monde.

En d'autres termes, selon cette thèse, l'art serait, dans le cadre de la pensée, la continuation de l'évolution biologique. On se souvient qu'à la fin de la première partie de cet essai, j'avais conclu que, dans la vie qui se perpétuait, qui maintenait son originalité et sa complexité extrême face au nivellement thermodynamique du monde, il semblait exister un défi philosophique, que la logique de la vie donnait l'illusion de se démarquer de la logique générale du monde environnant. De la même manière, l'art, « anti-destin », vise à s'opposer aux contraintes du monde. Il est, au sein de la pensée humaine, le digne héritier de l'évolution biologique. Ou encore : la vie comme l'art donnent une illusion de refus des lois du monde, une apparence de révolte face au destin inéluctable qui est le cours des choses.

Signalons au passage que la non-rationalité ou l'imaginaire peuvent avoir un rôle à jouer dans le cadre même de la connaissance scientifique. Non pas que je veuille dire, ce qui serait contradictoire avec mon propos, que l'expression de la science puisse quitter le moins du monde les normes rationnelles mais que la connaissance des lois (objectives) du monde passe nécessairement, d'une manière ou d'une autre, par le vécu (subjectif) du chercheur. Ce qui amène le chercheur à une découverte, c'est une idée, issue des mouvements intérieurs de sa pensée – j'allais dire de sa « poétique intérieure » –, et qui prend donc ses racines dans son imaginaire personnel dont certains aspects peuvent certes être rationnels mais dont d'autres peuvent être tout à fait fantaisistes et échapper à la rationalité. On connaît même des chercheurs qui ont eu leurs idées originales en rêvant la nuit. Peu importe d'ailleurs que l'idée originale du chercheur soit non rationnelle, voire absurde, peu importe qu'elle soit issue d'un rêve éveillé ou non, ou d'une démarche plus ou moins inavouable, si elle le conduit ensuite à la formulation d'une loi vérifiable et qu'elle enrichit la science d'un nouveau territoire rationnel. Ce que Paul

Caro (Pessis-Pasternak, 1999) formule de façon superbe en reconnaissant que « la recherche scientifique est quelquefois construite sur les ailes du mythe » (p. 193). Il ne s'agit donc pas ici de l'intervention de l'imaginaire dans l'expression même des lois du monde, qui restent fermement rationnelles, mais de l'intervention de l'imaginaire dans le processus par lequel l'homme les découvre, dans ce qu'on appelle « l'heuristique » du chercheur. À cet égard, et un peu paradoxalement, la science, pour objective qu'elle soit, trouverait naissance dans une activité subjective assez proche de l'activité artistique !

D'une façon plus générale, dans cette mouvance non rationnelle de l'esprit humain, chacun, et pas seulement le chercheur, est parfaitement libre d'avoir sa poétique intérieure. Lorsqu'elle touche à des options sur le monde, on parlera alors de « métaphysique intérieure ». Comme le formule François Jacob (Jacob, 1991) : « L'être humain a probablement autant besoin de rêve que de réalité » (p. 119). On cesse en revanche d'être rationaliste à partir du moment où l'on veut interpréter le monde physique avec de telles créations intérieures. Un rationaliste relativiste peut, à mon sens, parfaitement être partagé entre le réel et l'imaginaire, pourvu qu'il sache toujours clairement mettre à sa place l'un et l'autre, séparer ce qui est la réalité du monde et ce qui reste le travail de l'imagination. On retrouve ici l'assertion du poète Jacques Arnold (Arnold, 1999) selon laquelle « l'imaginaire partant du phénomène vital le plus élémentaire en son unité a fait de celui-ci l'absolu aborigène générateur de tous les absolus » (p. 16). Il faut bien sûr souligner que l'assertion de Jacques Arnold vise la création poétique et non le monde réel, que « l'absolu aborigène générateur de tous les absolus » reste intérieur à la rêverie et donc que cette assertion d'un poète ne doit pas être interprétée dans un sens hégélien où l'imaginaire serait générateur du monde réel ! Comme le remarque d'ailleurs aussi Arnold, il faut savoir relativiser ces absolus issus de l'imaginaire, ce qui revient à les confronter impérativement aux nécessités du réel, à les mettre au pas du rationnel.

On a vu, dans la première partie de cet essai, que le monde physique obéissait à des lois qui sont aussi celles du monde vivant, même si ce dernier, pour des raisons que j'ai discutées, semble pouvoir y échapper temporairement et produire ce que j'ai appelé « une illusion de contradiction avec les lois du monde ». D'une manière un peu semblable au niveau de la pensée, un rationaliste relativiste peut, comme l'avait fait avant lui l'évolution de la vie, obéir aux lois du monde tout en essayant de s'y opposer, s'il sait bien reconnaître que l'opposition n'est qu'apparence et que les lois du monde gardent finalement le dernier mot. En d'autres termes, un rationaliste n'a pas le droit de croire au merveilleux ou à l'absurde, mais il peut parfaitement y (les) rêver.

Chapitre III

PLACE À LA MORALE !

… les rats sont un paradigme. Rappelle-toi bien ça et tu ne risques pas de te tromper. Les rats sont le grand Paradigme…

Tom SHARPE

Du ciel étoilé à la morale

D'une certaine manière, l'homme refait sur le plan culturel ce que la vie a fait avant lui sur le plan naturel. Comme la vie créait, inconsciemment, des êtres vivants, l'homme crée ou fait apparaître, consciemment, des entités plus ou moins complexes dans les domaines culturels qui sont les siens, ceux de l'artifice : sciences, techniques, mais aussi, comme on l'a vu, multiplicité des arts dans toutes leurs facettes. Si l'on fait appel au terme de structure au sens que j'ai donné à ce mot dans l'introduction à cet ouvrage, c'est-à-dire une entité (Piaget, 1979) (Blandin et Chapouthier, 1970) qui repose sur trois catégories : la totalité, les transformations et l'autoréglage,

155

l'homme peut aussi être considéré comme un créateur conscient de structures. Certaines des entités qu'il crée (les ordinateurs par exemple, et bientôt peut-être des systèmes vivants élémentaires) sont suffisamment complexes pour satisfaire à ces trois catégories. Un ordinateur, par exemple, possède d'abord une propriété de totalité, autrement dit il se distingue de son environnement et peut maintenir une certaine autonomie, une certaine permanence temporelle. Les interfaces qui en tracent les bornes et le séparent du reste du monde, c'est-à-dire les dispositifs d'acquisition et de sortie des données, sont les garants de cette totalité, puisqu'elles interdisent au fonctionnement interne de sortir de la structure. Au sein de l'ordinateur, des lois d'organisation ou de fonctionnement existent aussi bien dans le matériel (« hardware ») que dans les logiciels utilisés (« software »). Selon la terminologie de la structure, on peut les appeler des « transformations ». Grâce à elles, la structure conserve, pendant toute la durée de son existence, une spécificité d'organisation ou de fonction. Enfin, l'autoréglage des transformations fait en sorte qu'elles n'engendrent que des éléments appartenant à la structure, garantissant donc l'autonomie de celle-ci. Dans le cas particulier de l'ordinateur, l'autoréglage s'effectue par un jeu d'actions et de rétroactions cybernétiques (pouvant affecter le matériel aussi bien que le logiciel) qui conduisent la machine à ne pas sortir des limites des problèmes qui lui sont soumis. Pour toutes ces raisons, les ordinateurs, machines à traiter de l'information, travaillent un peu à l'image des êtres vivants (Chapouthier, 1978b ; Chapouthier, 1979) même si, bien entendu, leur fonctionnement intime est différent et ne repose pas comme la vie sur la chimie du carbone. On peut même suggérer que le terme de « dialectique », souvent utilisé pour décrire les mouvements de la pensée (dialectique hégélienne) ou ceux de la vie (dialectique de la nature), et que l'on peut traduire en termes modernes comme les mouvements de l'information (Chapouthier, 1978a) peut être aussi utilisé avec profit dans la description du fonctionnement des ordinateurs. Il reste que l'existence de ces machines complexes créées par l'homme justifie l'affirmation que celui-ci est capable de créer consciemment des structures organisées.

Mais si l'homme refait sur le plan culturel ce que la vie a fait avant lui sur le plan naturel, il fait par suite aussi sienne l'opposition apparente que la vie entretenait avec l'univers physique. Comme on l'a vu plus haut, la vie est, d'une certaine manière, et tout en respectant les lois physiques du monde, rupture dans la manière dont ces lois sont gérées : l'état de système ouvert des organismes leur donne en effet la possibilité d'échapper, localement et transitoirement, au nivellement thermodynamique, qui est le destin de tout système matériel isolé. La vie est, dans son organisation particulière, esquisse d'un autre ordre des choses.

De la même façon, les structures imaginaires que l'homme est capable de créer sont, tout en respectant la rationalité du monde, une rupture dans la manière dont cette rationalité est perçue. L'imagination, donc l'art, sont, dans leurs rêveries merveilleuses ou absurdes, création d'un autre ordre des choses. En d'autres termes, l'idée centrale de cet ouvrage, c'est qu'il existe une sorte de parallélisme ou d'isomorphisme entre l'opposition (apparente) de la vie aux lois de l'univers étoilé et l'opposition (apparente) de l'imaginaire humain aux mêmes lois. Toute l'évolution, depuis les étoiles jusqu'aux réalisations complexes de la vie que sont les productions du gros cerveau de l'homme, serait alors comprise comme une distanciation apparente des lois du monde pour construire de l'autre, ces lois qui cependant restent toujours présentes et finissent par triompher dans la mort. Comme le formulait, de façon assez pessimiste, Schopenhauer (Schopenhauer, 1907) : « La vie est un trépas constamment entravé, une lutte éternelle contre la mort qui doit finir par vaincre » (p. 140). Le grand principe de juxtaposition-intégration serait l'outil de cette distanciation du vivant d'avec l'inerte. En ménageant, à chaque niveau de l'évolution, des autonomies de plus en plus raffinées aux structures vivantes, ce principe leur donnerait un accès progressivement croissant à un autre ordre des choses. En même temps, les limites du principe de juxtaposition-intégration, le maintien, à beaucoup d'étages, de la mosaïcité résiduelle de la juxtaposition, d'une insuffisance d'intégration, briserait, en maintes occasions, l'accès à ce nouvel ordre et ramènerait les êtres vivants et l'homme à davantage de réalisme ou de modestie. En outre, la mosaïcité rémanente évite à l'homme de se perdre dans des intégrations aliénantes, comme on l'a vu sur le plan social où la mosaïcité est garante de la liberté.

Il reste que le propre de la vie, c'est de vivre, donc de poursuivre un combat furtif, sans être nécessairement dérisoire, contre les lois générales du monde. De même, le propre de l'homme, c'est, le temps d'une (de sa) vie, de penser, voire de rêver à d'autres possibles. Dans ce cadre, demandons-nous si, outre penser et rêver à des possibles meilleurs, l'homme peut utiliser son intelligence pour les construire. Demandons-nous maintenant si la pensée humaine, la pensée de ce primate-mosaïque, à la fois rationnel et rêveur, peut entretenir les mêmes espoirs dans un domaine autre que celui de l'imaginaire pur, celui de la morale (on dit plus volontiers aujourd'hui « l'éthique »). On remarquera au passage que, lors des trois étapes du raisonnement de cet essai, j'ai décrit l'émergence de la vie, puis l'importance du cerveau de l'homme et de sa pensée et, finalement, la nécessité de l'éthique. Dans leur continuité et leur unité, ces trois étapes rappellent les trois moments du continuum bio-psycho-éthique, cher au philosophe Jacques Rozenberg (Rozenberg, 1999) qui, d'une autre manière, mais avec des conséquences voisines, a lui aussi recherché des concepts unificateurs entre le monde et l'homme.

Mosaïcité de la morale

La morale (l'éthique), c'est l'ensemble des indications qui suggèrent à l'homme comment il doit se comporter, comment il doit agir dans les différents moments de sa vie (Fagot-Largeault, 1985) (Gibbard, 1996) (Misrahi, 1997) (Adam, 1998) (Tugendhat, 1998) (Wolf et Schaber, 1998) (Spaemann, 1999). L'ensemble des considérations du présent essai débouchent sur des conséquences inattendues concernant cette morale pratique, où l'on verra que le caractère mosaïque de l'homme se manifeste encore.

La réflexion moderne sur l'éthique comprend de nombreuses facettes qu'il n'y a pas lieu de développer ici (Ogien, 1999). J'y ferai cependant une brève allusion, car il paraît tout de même nécessaire de placer mes thèses morales à l'intérieur du cadre plus vaste du débat actuel avant d'aborder des problèmes de morale pratique. Dans ce débat, une réflexion dite « métaéthique » vise à préciser ce qu'est l'éthique par rapport aux autres moments de la réflexion philosophique ou scientifique. Parallèlement, une démarche dite « éthique normative » vise à définir les grands principes de la morale. Ce n'est pas à ces deux niveaux que se situe la présente réflexion, même si, en relation avec eux, elle s'inscrit sans doute dans une perspective dite « naturaliste » en ce sens qu'elle cherche, dans la compréhension des lois du monde, des indications pouvant guider l'attitude morale. Cependant ma position ici n'exclut aucunement l'existence de normes morales autres que celles qui dérivent directement de la nature ; ce n'est donc pas un naturalisme absolu et les spécialistes de la philosophie morale pourront imaginer un certain rapprochement de mes thèses avec une philosophie à la mode, le réalisme moral. Ce dernier défend l'autonomie et l'objectivité de la morale par rapport à deux extrêmes qui, tous les deux, visent aussi à l'objectivité : le *dualisme*, qui affirme l'existence de « deux formes d'objectivité incommensurables : l'une, propre à l'éthique, et l'autre, au monde naturel et physique » (Ogien, 1999) (p. 5), et le *naturalisme* qui veut ramener strictement l'éthique à ses bases naturelles. Sans partager les positions extrêmes du réalisme moral qui voudrait rapprocher l'objectivité des faits scientifiques et celle des réalités morales *(sic)*, la thèse naturaliste défendue ici n'exclut nullement une certaine autonomie de la morale et l'existence de normes morales non directement réductibles à la nature.

Quoi qu'il en soit, la démarche que je voudrais exposer

succinctement ci-dessous fait partie de ce qu'on appelle la « morale pratique », c'est-à-dire finalement la morale telle qu'elle est comprise par tout un chacun : « Que dois-je faire ? » Les considérations générales qui viennent d'être formulées, pour pertinentes (et nécessaires) qu'elles puissent être pour le philosophe, n'entament donc en rien les conséquences pratiques que chacun devrait pouvoir tirer de la réflexion effectuée plus haut sur le statut, mosaïque ou intégré, des êtres vivants. Comme le remarque justement Dagognet (Dagognet, 1988) : « La biologie, la science du vivant, plus que d'autres soulève et même renouvelle les problèmes moraux » (p. 155).

Ces considérations générales étant posées, on remarque par ailleurs que la plupart des morales (mais pas toutes) limitent leur propos à l'espèce humaine ou que, si elles parlent de l'animal ou de l'environnement, c'est pour en régler le statut (moral) d'une manière différente de ce qu'elles proposent pour l'homme ; on retrouve là une forme de mosaïcité dans le discours. Ce point est souvent argumenté en affirmant que, puisque c'est l'homme qui édicte les normes, il n'est pas nécessaire qu'il le fasse pour des entités (animaux, milieux écologiques...) qui sont étrangères à son espèce. C'est une sorte d'affirmation moderne de l'idéal cartésien de l'homme, petit roi absolu du monde, face à un univers, voire des animaux, qui ne sont que des machines mises à sa disposition et sur lesquelles il a moralement tout pouvoir. On sait que, dans un dualisme célèbre, Descartes oppose l'homme, doté d'un corps matériel, donc comparable à une machine, mais aussi d'une âme, au reste des êtres vivants, dépourvus d'âme, donc comparables en tous points à des machines, à des automates. Il n'y aurait par suite de morale que pour l'homme. Certains discours plus récents tendent à nuancer le propos en suggérant qu'éventuellement, à l'extrême rigueur, une autre morale serait possible pour le reste du monde si, par gentillesse, l'homme ne voulait pas faire souffrir les animaux, si, par élégance, il ne voulait pas polluer l'environnement. Dans cette mouvance cartésienne modifiée, adoucie, il y aurait alors une morale « forte » pour l'homme et « à la rigueur » une autre morale, plus secondaire, pour le reste du monde. Le primate-mosaïque que nous sommes a réussi à mettre de la mosaïcité jusque dans sa morale !

Remorquée par une conception chrétienne traditionnelle, on retrouve cette inspiration cartésienne un peu partout dans la pensée d'aujourd'hui, dans les discours les plus variés. Ainsi, par exemple, dans son ouvrage *Parler de la mort* (Dolto, 1998), la psychanalyste Françoise Dolto écrit : « Il y a deux choses dans un être humain : le côté vétérinaire, la pauvre bête qui se traîne et n'a plus le courage de vivre – nous sommes des pauvres bêtes, nous sommes des mammifères –, [et d'autre part] celui qui parle, qui échange avec un autre... » (p. 41-42). Seul ce dernier, celui qui a accès au langage, donc la partie non animale de l'homme, pourra atteindre à un lieu (chrétien) après la mort. Quel bel exemple de dualisme cartésien de nos jours ! Autre exemple qui nous rapproche davantage de l'éthique, le philosophe Robert Spaemann a publié un petit ouvrage de réflexion sur les notions courantes de morale (Spaemann, 1999). Au-delà du bagage aristotélicien et kantien sur lequel s'appuie l'auteur, on trouve (p. 91) ces remarques sur l'animal et l'homme : « [...] l'oiseau qui construit un nid ne suit pas l'intention de faire quelque chose pour la conservation de l'espèce ou de prendre des dispositions en vue du bien-être de ses futurs petits. Une pulsion interne, un instinct le pousse à faire quelque chose dont le sens lui demeure caché... Au contraire, les hommes peuvent savoir pourquoi ils font ce qu'ils font. » On pourrait multiplier les exemples.

À l'opposé de cette position cartésienne, peut-on, à l'instar de diverses réflexions modernes (Ogien, 1999) penser la morale différemment ? Peut-on davantage intégrer les morales que l'homme se prescrit à lui-même et celles qu'il prescrit au reste du monde ? Peut-on donc finalement, sur ce point essentiel de la morale, aller de l'avant pour renoncer à une certaine mosaïcité ?

Les bases naturelles de l'éthique

Il s'agit donc d'analyser ici, dans le cadre de la construction d'une morale pratique, ce qui, par suite de son évolution, fait la spécificité de notre espèce. Une telle quête n'exclut évidemment pas que, dans ce domaine comme dans bien d'autres, notre espèce soit héritière des aptitudes acquises par ses ancêtres. Comme le langage, qui est une spécificité de l'espèce humaine, trouve ses prémices dans des « protolangages » que l'on peut enseigner à divers animaux comme des anthropoïdes et peut-être des perroquets, la morale elle-même, une autre activité spécifique de l'espèce humaine, trouve aussi des ébauches dans l'animalité (Katz, 2000). C'est un point essentiel qu'il importe de mentionner, même s'il ne constitue pas l'objet principal de la réflexion que j'entame sur l'éthique.

Il est en effet clair qu'en tant qu'animal, l'homme a

hérité de contraintes sociales et de mécanismes affectifs que possédaient déjà ses ancêtres. Prenons un exemple : le souci de protéger sa progéniture. Ce souci existe chez de nombreuses espèces animales. Et chez les mammifères et les oiseaux, qui sont nos cousins les plus proches, il est non moins clair que ce souci est associé à des manifestations émotionnelles importantes. Sur ce point donc, la morale humaine, quand elle demande aux parents de protéger leurs enfants, ne fait que rationaliser une manifestation naturelle dont l'homme est l'héritier évolutif.

Bien entendu, ces bases naturelles de l'éthique, c'est chez nos plus proches parents les singes anthropoïdes que l'on peut le mieux les analyser. Le zoologiste Frans De Waal décrit dans son ouvrage *Le Bon Singe* (De Waal, 1997) les ressemblances fondamentales qui existent dans ce domaine entre les grands singes et l'homme, sans pour autant impliquer leur identité. Ainsi on peut remarquer chez les grands singes de la sympathie ou de l'attachement à autrui, un grand intérêt pour les jeunes, de nombreuses règles sociales qui garantissent le bon fonctionnement du groupe (règles de police, punitions, négociations...), des échanges, des revanches, des réconciliations, etc. Dire que dans ces exemples, l'homme qui ferait de même aurait un comportement moral alors que le comportement des grands singes ne relèverait que de l'« instinct », proviendrait d'un cartésianisme abusif, d'un sentiment aigu que l'animal n'est qu'un objet dépourvu de tout sentiment. Ce « serait fallacieux et probablement inexact » (p. 264). Certes, le singe n'est pas un homme. Comme le dit De Waal : « Même si la manière d'agir de certains primates équivaut à un comportement moral, il est difficile de croire qu'ils se livrent à des calculs et mettent en balance leurs intérêts propres avec ceux de leurs parents [ou qu'ils] élaborent des notions telles que le plus grand bien de la société » (p. 263). Il s'agit donc là de prémices ou d'ébauches de la morale telle qu'elle sera comprise par l'espèce humaine et sur laquelle je vais revenir dans un instant. En d'autres termes, comme le formule De Waal avec humour : « Les animaux ne sont pas des philosophes de la morale. Mais, au fait, combien d'êtres humains le sont ? » (p. 264).

Une ouverture de la morale vers le monde

Mais justement, puisque dans cet essai je voudrais faire acte de réflexion philosophique, revenons à la morale telle que l'espèce humaine peut la pratiquer. La question que je voudrais poser ici pour conclure, c'est donc de savoir si ce processus évolutif qui a guidé l'histoire du monde, puis celle de la vie et de l'homme, peut avoir des conséquences sur la façon qu'a l'homme lui-même de se comporter vis-à-vis du monde en général et de l'animalité en particulier. Ou encore peut-on reprendre, en la généralisant, la belle formule de Gohau (qui parle d'une variante de morale naturaliste, celle de Lévy-Bruhl) : « Puisque la science physique est née quand on a cessé de croire que nous étions au centre du cosmos, la science morale ne peut se développer qu'en faisant le même effort de décentration » (Gohau, 1987) (p. 187) ? Peut-on donc en se décentrant, en renonçant à cet anthropocentrisme massif qui aboutit à un découpage de la morale en une morale pour l'homme et une autre pour le reste du monde, modifier justement la morale pratique de l'homme à l'égard du monde, pour la rendre plus générale et peut-être plus juste ?

Pour ce faire, l'homme dispose d'un atout majeur : les fruits de son puissant cerveau, c'est-à-dire ses capacités de pensée abstraite, ses aptitudes à l'imagination, le fait qu'il est, comme on l'a vu plus haut, capable de construire des mondes virtuels qui peuvent l'aider à reconstruire le monde réel. Cette pensée originale, cet imaginaire exacerbé, il peut (et doit) les appliquer à un domaine essentiel qu'il est le seul à rationaliser, celui de la morale. Au-delà des prémices que sont les bases naturelles de l'éthique, l'homme peut (et doit) viser à améliorer la morale, notamment dans un sens évolutif, en en réduisant la mosaïcité, en en étendant le champ à d'autres entités que l'homme lui-même, sans pour autant renoncer aux acquis de l'humanisme que sont les droits de l'espèce humaine. Je voudrais, dans les pages qui suivent, montrer qu'en poursuivant ce projet, l'homme pourrait réduire la mosaïcité de la morale et améliorer la situation dans trois domaines clés d'ailleurs liés entre eux : le respect du monde, celui de l'animal et celui de l'altérité.

Respecter la diversité du monde

La variabilité du vivant, encore appelée « biodiversité », est devenue, on le sait, un enjeu important des discussions écologiques. Certes les extinctions d'espèces quelquefois massives (grandes extinctions) – tout comme d'ailleurs les naissances de nouvelles espèces – ont existé tout au long de l'histoire de la vie. Lamy estime que « cinq grandes extinctions ont précédé celle actuellement en cours » (Lamy, 1999) (p. 151). Mais l'extinction en cours a été très fortement accrue par l'action humaine. Comme le fait remarquer la biologiste Catherine Potvin (Potvin, 1997), « l'extinction des espèces sur la planète connaît une recrudescence dramatique… Alors que le taux d'extinction, établi en fonction des données paléontologiques, devrait être environ d'une espèce tous les quatre ans, une ou deux espèces disparaissent actuellement chaque jour » (p. 37). Les raisons en sont multiples : démographie humaine, économie et politique visant l'exploitation sans vergogne du monde. C'est aussi ce que remarque Lamy en ce qui concerne la forêt tropicale humide, qui est l'un des environnements les plus variés et les plus riches en espèces : alors que « le taux normal d'extinction, en bruit de fond, avait été d'environ une espèce par million d'espèces par an, […] les activités humaines ont accru l'extinction d'un facteur 1 000 à 10 000 au-dessus de ce niveau de base dans la forêt tropicale humide » (Lamy, 1999) (p. 151). D'une façon plus générale, comme le dit Farrachi (Farrachi, 1999) : « De *l'aménagement du territoire* au *génie génétique*, les plus récentes évolutions vont dans le même sens : réduire le divers à l'unique pour mieux le maîtriser » (p. 11).

Bien sûr, Farrachi fait ici allusion au génie génétique en cours dans l'agronomie et qui vise à la réduction de la diversité dans les espèces domestiques. Sa remarque ne met pas en cause ce qui pourrait être une utilisation bénéfique du génie génétique pour accroître, au contraire, la diversité vivante.

Un respect, voire un accroissement de la biodiversité, vont dans le sens de l'intérêt de l'homme comme de celui de la biosphère elle-même. Intérêt de l'homme parce que les espèces vivantes recèlent des quantités de ressources potentielles, alimentaires (sources de nourriture possibles) ou thérapeutiques (sources de nouveaux médicaments) encore inexplorées. Tous les scientifiques responsables, qui connaissent les risques encourus aujourd'hui par la biodiversité, réclament, pour le bien de l'homme lui-même, une éducation à l'éthique de l'environnement et d'abord des cadres permettant une telle éducation : « L'urgent est d'abord de former des éducateurs de l'environnement. C'est une des missions des universités... » (Lamy, 1999) (p. 188). Comme le remarque la philosophe Marie-Hélène Parizeau (Parizeau, 1997a) : « La diversité biologique reste [...] un réservoir encore peu exploité de ressources génétiques, mais qui [...] risquent de disparaître » (p. 117). On pourrait ajouter, sur un plan plus scientifique, l'absurdité qu'il y a à laisser disparaître des espèces que l'on est bien incapable, dans l'état des connaissances, de fabriquer. On pourrait enfin y adjoindre l'intérêt pour l'homme d'une diversité esthétique ou relationnelle. Ainsi les suggestions de re-création d'animaux disparus, comme des pseudo-mammouths à partir des éléphants. Ces travaux, qui seront sans doute, grâce aux échantillons génétiques préservés par les glaciers, à la portée des méthodes génétiques des siècles à venir, relèvent davantage d'un intérêt esthétique ou relationnel que purement pratique, alimentaire, thérapeutique ou autre.

Mais on peut aussi invoquer l'intérêt de la biosphère elle-même. À côté des visions morales anthropocentristes existent en effet des visions biocentristes ou écocentristes (Parizeau, 1997a). Ces conceptions morales ont été d'abord esquissées par Aldo Leopold (Leopold, 1995).

Pour lui, qui pratique et défend la chasse d'agrément, l'espèce humaine n'est qu'un des éléments parmi d'autres d'un ensemble de systèmes interdépendants qui constituent des communautés, comme celle qui comprend, unis dans une même interrelation, le chasseur, son gibier, son chien et la montagne où ils se trouvent. Ces communautés, qui sous-tendent la santé de la Terre, doivent être le centre des préoccupations morales, et les préoccupations morales spécifiques visant l'espèce humaine ne peuvent intervenir qu'en rapport avec cette morale environnementale générale. On peut certes ne pas partager cette position d'Aldo Leopold qui cherche à trouver une morale permettant de tuer ou de blesser (la chasse). Pour les écologistes ennemis de la chasse, comme moi-même, les thèses de Leopold ont quelque chose d'absurde. Il reste qu'elles témoignent de l'esprit de certains penseurs écologistes, pour qui seules comptent les espèces, et pour qui la douleur de l'animal (qui sera analysée un peu plus loin) n'entre pas du tout en ligne de compte.

Cette position, esquissée par Aldo Leopold, a été développée, de façon plus argumentée et plus rigoureuse, de deux manières très différentes : de façon extrémiste par Callicott (holisme fort, encore appelé « écologie profonde ») et d'une façon modérée par Rolston (holisme faible). Contre la plupart des éthiques traditionnelles, pour lesquelles l'individu est moralement plus important que la communauté (position qualifiée d'« atomisme »), Callicott (Callicott, 1989) affirme le primat absolu de la communauté sur l'individu. Selon cet écocentrisme absolutiste, même si l'homme en tire bénéfice, ce n'est en aucun cas de lui, simple individu, que la morale doit d'abord se soucier, mais de l'intérêt exclusif des écosystèmes. Comme l'a remarqué Lestel (Lestel, 1996) : « L'animalité se noie alors dans l'idée de nature et l'humain n'est guère perçu que comme une annexe du vivant en général. »

On peut, bien sûr, refuser cet extrémisme et préférer les thèses modérées de Rolston. Pour lui (Rolston, 1975) qui défend un holisme faible, par rapport à l'environnement, seul l'individu (humain) possède une valeur intrinsèque. Mais le fait qu'il s'insère dans un système d'interdépendances du milieu naturel doit nécessairement le conduire à préserver les écosystèmes. Certes, Rolston comprend que la loi de la jungle, la lutte pour la vie (« struggle for life » darwinien), qui a pour siège les écosystèmes, n'offre pas une image de la morale mais bien de son contraire. Comme le remarque la philosophe Catherine Larrère (Larrère, 1997) : « Ce ne sont pas des valeurs, mais des antivaleurs que l'on rencontre dans la nature : l'égoïsme, l'indifférence, des processus qui se font à l'aveugle, les catastrophes, le gaspillage, la souffrance... » (p. 73). Mais l'ensemble aboutit cependant à un ordre qu'il paraît, selon Rolston, nécessaire de préserver dans sa variabilité même. Nous retrouvons là les racines conceptuelles du mouvement actuel de préservation de la biodiversité naturelle. Sans qu'il soit évidemment souhaitable de les prendre toutes à la lettre, les thèses de Rolston donnent des directions très utiles pour l'énoncé de principes à inclure dans une morale pour notre temps. Le respect de la diversité du monde est l'un des premiers impératifs à inclure dans une morale étendue au vivant. Ou encore, comme le remarque justement Dominique Bourg (Bourg, 1996) : « La place éminente que nous occupons au sein de la nature a [...] pour contrepartie une responsabilité... Nous sommes [...] en charge [...] de la biosphère et avons l'obligation [...] de la protéger » (p. 351).

Respecter l'animalité

Au sein de cette diversité, quel statut accorder aux animaux, nos ancêtres ou nos cousins lointains ? Y a-t-il, au-delà du respect de la diversité des espèces, des normes morales plus particulières à définir en ce qui concerne les animaux, qui leur seraient attribuées parce qu'ils éprouvent de la douleur ou bien parce qu'ils nous ressemblent ? Dans la quête de réduction de la mosaïcité morale qui est le propre de l'homme, quelle morale devrait être adoptée à l'égard de l'animal ?

En posant une telle question, j'exclus évidemment, par là même, des réponses de type post-cartésien qui refuseraient toute attention portée à l'animal. Les conceptions évolutives, qui amènent à considérer l'animal comme un ancêtre ou un cousin, plaident en faveur de davantage de morale à l'égard de l'animalité et devraient reléguer au rayon des antiquités ces réponses post-cartésiennes. Comme le remarque, par exemple, à propos de l'animal, le biologiste André Langaney (Langaney, 1991), dans un chapitre justement intitulé « Animal et fier de l'être ! » : « Je suis souvent consterné par le mépris avec lequel beaucoup de nos semblables parlent des animaux, sans se rendre compte qu'il s'agit d'une autocritique ! » (p. 38). En effet, « pour l'essentiel de notre vie, nous avons quelques similitudes fondamentales avec les vers, nous ne différons pas tellement des poissons, beaucoup moins des rats et presque pas des grands singes. Les seules différences entre la douleur, le plaisir et le stress chez ces animaux et chez nous, c'est de posséder les mots pour le dire » (p. 39). Ce qui rejoint aussi la position darwinienne selon laquelle, comme le rappelle C. Talin (Talin, 2000) : « La différence entre les facultés mentales humaines et animales n'est qu'une affaire de degrés, non de nature » (p. 58).

Éclairé par de telles conceptions évolutives, conformes à celles qui ont été développées depuis le début de cet ouvrage, mon propos se situe donc dans une mouvance contemporaine (Wolf, 1992) (Wolf et Schaber, 1998) qui veut que, d'une façon ou d'une autre, l'animal soit protégé contre les agressions possibles de l'espèce humaine ou de certains de ses représentants, et qu'il soit interdit, notamment par des lois, de faire n'importe quoi avec un être sensible. Depuis quelques années, et même si cette position est loin d'être universellement admise, les mouvements qui s'intéressent au respect de l'animal tendent à l'exprimer en termes de droits. Selon cette position, ce n'est plus par simple sympathie, souci « humanitaire », voire attrait esthétique, que l'homme doit préserver l'animalité en général ou certains animaux particuliers, mais parce que l'homme reconnaît aux espèces et aux animaux qui les composent une forme de droits moraux (Chapouthier, 1990) (Chapouthier, 1992) (Chapouthier et Nouët, 1997) (Wolf, 1992). Il ne s'agit évidemment pas ici de droits que les animaux pourraient eux-mêmes revendiquer ! Ce sont des droits reconnus par l'espèce humaine à des entités incapables de les réclamer directement, d'une façon analogue à l'octroi de droits à d'autres entités incapables de les revendiquer comme, par exemple, des embryons, des handicapés profonds ou des entités abstraites que sont les personnes morales. C'est donc bien l'homme, créateur de la morale applicable à sa propre espèce, qui peut conférer des droits aux animaux. Par là même il limite moralement les abus qu'il (ou que certains des membres de son espèce) pourraient commettre à l'égard des animaux. Bien entendu, ces droits moraux supposent ensuite une extension en droits légaux que nous ne développerons pas ici (Antoine, 1996).

Cette affirmation d'une nécessité de droits moraux pour les animaux a été notamment défendue par deux grands courants philosophiques modernes, un courant anglo-saxon (Regan, 1983) auquel on peut rattacher, bien qu'ils s'en défendent, des philosophes utilitaristes comme Peter Singer (Singer, 1977) et un courant français, qui a proposé d'articuler ces droits à partir d'une « Déclaration universelle des droits de l'animal », proclamée en 1978, dont la version améliorée date de 1989 (Chapouthier et Nouët, 1998). Selon cette dernière conception, à mon avis beaucoup plus convaincante que la conception anglo-saxonne, les droits de l'animal doivent être clairement définis par rapport aux droits de l'homme de sorte que, lorsqu'il y a conflit entre les deux, l'homme, comme toute autre espèce animale, ait la faculté de faire valoir le primat de ses droits propres.

Or, on l'a vu, les animaux sont un ensemble très varié de systèmes biologiques de complexités diverses ; par suite, chaque espèce ne possède ni les mêmes besoins vitaux ni les mêmes caractéristiques physiologiques et psychiques. D'où la question souvent posée de la nature et de l'extension des droits éventuels des différentes espèces animales : doit-on concéder à toutes les mêmes droits, ni plus ni moins, ou doit-on attribuer à certaines des droits particuliers du fait de leur complexité, de leur proximité avec l'espèce humaine ou de leur qualité d'espèce domestique ? La première réponse s'inspire d'un mode « égalitariste » dans la conception des droits de l'animal alors que la seconde se réclame d'une conception plus « gradualiste ».

Le caractère même, clairement graduel, de l'évolution des espèces tel qu'on l'a décrit plus haut et de ce que l'on peut imaginer de l'émergence de la conscience (Chapouthier, 1992) (p. 74-78), sans doute liée à des paliers de complexité cérébrale croissante, plaide évidemment en faveur d'un certain gradualisme.

Ainsi, en ce qui concerne une facette importante de la pensée symbolique, le langage, de nombreux travaux montrent que les anthropoïdes sont capables d'en acquérir des rudiments en laboratoire (Vauclair, 1992) (Vauclair, 1996). Le neurophysiologiste Pierre Buser montre d'ailleurs, de façon remarquable, comment cette esquisse de langage peut conduire à étayer chez les anthropoïdes la notion même de conscience (Buser, 1998). Ces travaux récents amènent à imaginer qu'existe dans le règne animal une amélioration progressive de la conscience, au fur et à mesure de l'évolution, jusqu'à un stade très proche de la conscience humaine. À cet égard, la chimpanzéité apparaît comme une esquisse d'humanité. Mais des paliers de conscience moindres peuvent être décrits chez d'autres groupes animaux. Comme le formule Pierre Buser, il existe une « évolution phylogénétique des processus cognitifs où les anthropoïdes représenteraient un chaînon remarquable dans la marche vers la conscience réflexive » (p. 110). Ces paliers de conscience animale rejoignent sans doute ceux que j'ai décrits plus haut dans les capacités mnésiques, tant il est vrai que la conscience suppose une mémorisation du monde et des interactions que l'individu a avec lui, et qu'une mémoire plus complexe semble nécessaire à l'apparition d'une conscience plus élaborée. Toute cette évolution par paliers de la conscience, qui rejoint l'évolution anatomique et mentale, conforte l'idée qu'il n'existe pas de vraie rupture entre animalité et humanité mais seulement des degrés quantitatifs dans certaines performances ou certains caractères. On retrouve là une idée très importante, développée par de nombreux philosophes, et notamment par Florence Burgat (Burgat, 1997) selon laquelle dans l'appréciation des comparaisons entre animalité et humanité, la continuité est beaucoup plus satisfaisante que la rupture. C'est aussi l'idée qui se trouve en filigrane dans la somme consacrée par Élisabeth de Fontenay aux rapports entre humanité et animalité dans les philosophies (de Fontenay, 1998) ; comme le remarque justement Florence Burgat (Burgat, 1999), l'idée directrice d'Élisabeth de Fontenay, « c'est la mise à mal de l'humanisme métaphysique, cette identification de l'homme à une qualité intellectuelle ou morale telle qu'elle lui confère [...] un droit absolu sur toutes choses ».

Pour toutes ces raisons évolutives et gradualistes, le philosophe suisse Jean-Claude Wolf (Wolf, 1992) a donc raison de souligner (p. 26-56) l'importance de la théorie darwinienne pour toute discussion sérieuse de l'éthique appliquée aux animaux. De fait, même la Déclaration universelle des droits de l'animal, écrite dans un esprit totalement égalitaire et faisant, *a priori*, abstraction des différences entre espèces, reconnaît cependant que des droits particuliers concernent les animaux dotés d'un système nerveux (préambule) et que l'égalité de droits n'occulte pas la diversité des espèces ou des individus (article 1). En d'autres termes, chaque animal doit avoir une vie conforme à sa finalité biologique, celle de l'araignée n'étant pas la même que celle du poisson rouge qui diffère à son tour de celle du chimpanzé. L'égalitarisme de base de la déclaration, qui vise à attribuer à tous les animaux des droits égaux devant la vie, n'exclut donc pas, par le truchement de l'adaptation des espèces à un mode de vie particulier, par l'intervention d'un système nerveux plus ou moins complexe qui conditionne une diversité des besoins et des modes de vie, la reconnaissance de l'existence d'une diversité de droits. Enfin, sur un plan strictement pratique, il n'est évidemment pas possible pour l'homme de viser au respect identique d'invertébrés microscopiques ou d'animaux du même ordre de taille que lui.

J'avais, dans un travail antérieur (Chapouthier, 1990) (p. 215-219), proposé une distinction, strictement pratique, du monde animal en trois grands ensembles, fondés à la fois sur l'arbre généalogique des espèces animales et sur les aptitudes cognitives de certains groupes :
– vertébrés « à sang chaud »,
– vertébrés « à sang froid » et invertébrés « évolués » comme les céphalopodes,
– reste des invertébrés.

Peut-on imaginer, à l'intérieur même des vertébrés à sang chaud, des divisions particulières, consacrant notamment des droits particuliers aux primates, proches de l'homme ? Et sur quoi les fonder ? La division ci-dessus, sans doute arbitraire, reposait sur une nécessité pratique. Mais aucune nécessité pratique ne vient justifier l'affirmation de différences de droits tellement évidentes entre les primates et, par exemple, les carnivores ou les éléphants. La proximité anatomique avec l'homme peut-elle fournir, à elle seule, une justification à l'attribution de droits particuliers, par le simple fait que l'homme reconnaît dans le primate un ancêtre ou un cousin ? Répondre à de telles questions conduit à étendre le propos à un respect général de ce qui est « autre », et c'est sur ce dernier point de « respect de l'altérité » que je voudrais terminer l'exposé de cette quête de l'homme visant à élargir la morale au-delà de sa propre espèce pour en réduire la mosaïcité.

Respecter l'altérité

Répondre en termes moraux à de telles questions sur les places respectives de différents groupes d'animaux suppose d'ailleurs des choix métaphysiques propres à chaque homme. On pourrait les formuler, sur un mode subjectif, de la façon suivante : quels types d'animaux chaque homme est-il susceptible d'inclure dans ce qu'il considère comme la sphère morale de son espèce, méritant une protection particulière ? Ou encore, comme le formule Goffi, pour chaque homme quels types d'animaux devraient avoir un statut tel « qu'ils soient exempts par rapport à certains de nos pouvoirs » (Goffi, 1994) (p. 48), protégés par rapport à certains de nos actes ? Cette question porte aussi sur le statut des animaux dits « domestiques » que nous ne débattrons pas ici. Le projet « Grands Singes » (Cavalieri et Singer, 1993) vise clairement à inclure les anthropoïdes dans cette sphère de protection morale de l'homme et, sur le plan pratique, on ne peut qu'approuver un tel projet, qui améliorera le statut de ces animaux menacés en même temps qu'il mettra davantage de morale dans le comportement de l'espèce humaine. Il reste que cette inclusion des seules espèces de grands singes anthropoïdes ne peut fondamentalement résulter d'un choix strictement rationnel, mais de décisions subjectives liées à la similitude morphologique ou comportementale de ces espèces avec la nôtre.

La question des droits particuliers à accorder aux primates, ou à certains primates, permet donc de présenter deux types de réponses plus nuancées que l'opposition égalitarisme-gradualisme évoquée plus haut. Selon une première réponse, celle de la Déclaration universelle des droits de l'animal, qui se veut rationnelle et objective, les droits de l'animal doivent être attribués de façon aussi égalitaire que possible à tous les animaux « dotés d'un système nerveux ». Mais, comme on l'a vu plus haut, un certain gradualisme peut se glisser insidieusement dans cet égalitarisme de base, du fait que l'évolution des espèces a créé des finalités et des besoins vitaux différents pour chacune ainsi que pour des raisons strictement pratiques, liées au fait qu'il est plus aisé de se préoccuper d'animaux (plus complexes) qui ont notre taille que d'animaux trop petits. Selon cette première réponse, le gradualisme ne peut être pris pour règle de base dans l'édification des droits qui reste égalitaire entre les espèces. Le statut des primates ne peut donc être moralement dissocié de celui d'autres animaux présentant des besoins vitaux comparables. Selon une seconde réponse plus subjective, le gradualisme devient au contraire l'un des fondements de l'attribution des droits. Tom Regan, par exemple, limite les droits aux « mammifères normaux de plus d'un an » (Regan, 1983) (p. 408). Il devient dès lors possible de définir des droits particuliers en fonction de la proximité avec l'homme et, si l'on poussait ces thèses à l'extrême, le statut des primates pourrait se trouver grandement amélioré.

Si l'on souhaite rester sur un plan strictement rationnel – mais l'homme le peut-il ? –, les primates peuvent bénéficier, du fait de leur statut d'animaux complexes, de droits liés à leurs besoins vitaux particuliers, conformément à ce gradualisme implicite qui s'introduit dans l'égalitarisme de la Déclaration universelle des droits de l'animal. Mais, toujours si l'on souhaite demeurer sur un plan strictement rationnel, ces droits ne peuvent foncièrement différer de ceux reconnus à des animaux ayant des besoins comparables et qui ne ressembleraient pas autant à l'homme : delphinidés, éléphants, carnivores, voire certains oiseaux... Tout en confirmant l'intelligence remarquable des primates (Witen et Byrne, 1997), l'éthologie montre de plus en plus la grande intelligence de nombreux autres groupes animaux (Vauclair, 1996). Comme on l'a vu plus haut, l'apprentissage de règles abstraites, qui pourrait être un des critères d'une intelligence particulièrement développée, a été retrouvée jusque chez les rats (Alexinsky et Chapouthier, 1978) (voir figure 10). On a aussi vu plus haut que les oiseaux étaient également capables d'acquérir des règles abstraites parfois très complexes.

Cette remarque, qui aboutit à envisager un traitement particulier non seulement des primates mais de tous les animaux qui pourraient être dotés d'un niveau de conscience comparable, est suffisamment importante pour qu'on la souligne. Sur un plan philosophique plus fondamental, c'est la question de l'altérité qui est ainsi posée. Si l'on suit notre raisonnement, la morale à l'égard de l'autre ne peut dépendre strictement du degré de ressemblance que nous avons ou que nous percevons avec lui. Comme le formule Christen (Christen, 2000) dans un essai qui traite des léopards, mais dont les conséquences peuvent être généralisées à de nombreuses autres espèces animales : « Il faudrait cesser de juger l'animal à l'aune de la comparaison permanente mais s'efforcer d'en saisir la singularité ou, si l'on préfère, l'étrangeté. » (p. 220). Et cette singularité porteuse d'altérité doit nécessairement s'appuyer sur des critères qui ne se fondent pas strictement sur la simple apparence, mais sur des données, certes plus difficiles à obtenir, indicatrices d'un état de conscience plus élevé, comme des variables d'intelligence. Elle pourrait même s'appuyer, comme le fait remarquer Lestel (Lestel, 1996) sur le fait que l'animal peut être considéré par et pour l'homme comme une « altérité porteuse de sens » : « L'animal émerge [...] d'une coordination d'actions avec l'homme, que ce dernier pourrait appréhender, saisir ou décrire de façon signifiante » (p. 67). L'animal peut donc (devrait donc) être considéré par l'homme rationnel comme une altérité qui mérite impérativement son respect et son attention morale, et les animaux de niveau de conscience élevé, non seulement primates mais aussi animaux « de niveau comparable », justifier d'un intérêt et de droits particuliers.

Il reste que le moraliste qui se veut rationnel aura bien du mal à défendre cette position qui va à l'encontre du mode de fonctionnement de toutes les espèces biologiques, y compris la sienne. Un mode de fonctionnement non rationnel qui, sauf exceptions, tend à privilégier les rapports avec le semblable plutôt qu'avec le différent, avec le parent plutôt qu'avec l'étranger, avec le connu plutôt qu'avec l'inconnu, avec le familier plutôt qu'avec l'étrange, et qui, de façon générale, tend à préférer la similitude à l'altérité.

Cette préférence de la similitude et ce rejet de l'altérité dépassent, bien entendu, de beaucoup la simple question de l'animalité, puisque le rejet de l'autre est une des plaies morales des relations à l'intérieur même de l'espèce humaine. On retrouve ici le souhait de nombreux moralistes d'un respect de l'altérité à l'intérieur de notre espèce. Comme le formule, par exemple, Martine Abdallah-Pretceille (Abdallah-Pretceille, 1999) dans un livre consacré à l'éducation interculturelle : « La question de l'altérité revient [...] sur le devant de la scène à travers les étrangers... Ce retour de l'Autre, dans sa singularité et dans son universalité, correspond aussi à un essor de l'interrogation éthique » (p. 76). Comme le respect de l'altérité hors de l'espèce humaine est fondé sur le respect de la diversité du monde, le respect de l'altérité à l'intérieur même de notre espèce se fonde, lui aussi, sur le respect nécessaire de la diversité (naturelle et culturelle) de l'homme. Comme le remarque justement François Jacob (Jacob, 1991) : « Chez les êtres humains, la diversité naturelle est encore renforcée par la diversité culturelle qui permet à l'humanité de mieux s'adapter » (p. 118). Demander, d'une façon générale, comme je le fais, un meilleur respect de l'altérité à l'extérieur de notre espèce n'empêche donc en aucun cas de se réclamer aussi de l'humanisme. Ce que je fais avec force.

Toujours en ce qui concerne l'espèce humaine, il faut aussi rappeler son caractère social qui amène à considérer que ce souhait d'altérité vise non seulement les rapports entre les individus, mais aussi les rapports entre les populations. La diversité culturelle est le fait de groupes humains dans leur ensemble et les considérations sur la reconnaissance de l'altérité ainsi que sur les oppositions à l'altérité (racisme, xénophobie, sexisme, rejet des handicapés, etc.) touchent au moins autant ces groupes en tant qu'entités, que les individus qui les composent. Selon un raisonnement inverse, tout développement harmonieux des sociétés humaines repose donc sur un développement du respect de l'altérité au niveau des populations, ce que le philosophe André Clair (Clair, 2000) résume par : « Sous peine de s'atrophier, une communauté requiert l'ouverture, spécialement aux autres communautés, et donc comprend une dimension d'altérité » (p. 153). Cette ouverture sur les groupes humains souligne encore le caractère humaniste des propositions morales effectuées ici.

Mais, comme la morale est une, de nombreux moralistes n'ont pas manqué de faire le parallèle entre l'homme et l'animal, entre ces deux modes d'exclusion à l'intérieur et à l'extérieur de l'espèce humaine, en suggérant que peut-être (Farrachi, 1999) l'exclusion de l'animalité n'était pas étrangère à l'exclusion à l'intérieur même de l'humanité. « Si l'on s'autorise à mépriser un chimpanzé parce qu'il a fuyant le front que nous avons bombé, plat le nez que nous avons pointu, pourquoi faudrait-il respecter un Indien, un Noir, un Juif, une femme, qui que ce soit qui ne partage ni l'apparence, ni le Dieu, ni le sexe de ceux qui sont au pouvoir ? » écrit (p. 31) Armand Farrachi. Ou encore, observe le biologiste Jean-Jacques Barloy (Barloy, 1984) : « À plusieurs reprises, des inspecteurs de la Société protectrice des animaux, appelés à intervenir chez des alcooliques suspectés de maltraiter leurs animaux, ont trouvé non seulement des animaux martyrs, mais aussi… des enfants ! » On pourrait multiplier les exemples (voir (Chapouthier, 1990) (p. 228-232). Comme le dit, avec justesse, Farrachi (Farrachi, 1999) : « Le sort des animaux préfigure toujours celui des hommes » (p. 45).

Bien entendu, une telle éducation à l'altérité doit prendre ses racines dans l'éducation précoce des enfants. Comme l'ont remarqué de nombreux auteurs, c'est dans le plus jeune âge que l'on peut véritablement inculquer les normes morales qui seront, quelques années plus tard, celles des adultes responsables de la société. Il semble donc particulièrement utile d'insister ici sur le rôle de l'école, de relancer d'une manière ou d'une autre la vieille éducation civique et morale de nos grands-parents, en y incluant des éléments modernes de respect de l'animal et de l'environnement. Comme le rappelle à propos des rapports entre jouet, enfant et animal la psychiatre Janine Cophignon (Cophignon, 1999) : il faut « amener l'enfant par des règles éducatives à respecter la vie d'autrui » (p. 74).

Le grand défi ouvert à l'homme, sur le plan de la connaissance mais surtout sur celui de la morale, c'est donc finalement l'acquisition du respect de l'altérité. On rejoint par là les positions éthiques des écologistes les plus modernes comme Blandin et Bergandi (Blandin et Bergandi, 2000) qui font valoir, à juste titre, qu'il n'existe pas deux entités écologiques différentes, ni sur le plan de la science, ni sur celui de la morale, qui seraient l'homme d'un côté et le monde (ou la nature) de l'autre, mais « un réseau temporel et spatial de transactions impliquant des entités cochangeantes : les hommes et les autres composantes de la biosphère » (p. 59). Ces entités cochangeantes dont l'histoire est commune appellent de la part de l'une d'entre elles, l'espèce humaine, à qui son intelligence le permet, davantage de compréhension et d'égards pour les autres.

De même que l'on a vu plusieurs fois dans l'histoire du monde des structures d'un niveau donné intégrées par le principe de juxtaposition-intégration dans des structures d'ordre supérieur dont elles deviennent des parties, de même, sur un plan conceptuel, on peut imaginer que l'homme parvienne un jour, par son intelligence, à dépasser ce rejet de l'autre qui est une composante essentielle de la vie, à devenir, non plus comme les autres espèces animales un destructeur ou un prédateur de l'altérité, mais son défenseur. Non plus un être visant à la réduction de la variabilité, mais au contraire travaillant à son accroissement.

Alors peut-être ce primate-mosaïque bien imparfait que nous sommes atteindra, sinon une nouvelle espèce comme l'avaient imaginé des penseurs de science-fiction, au moins, en tout cas, un meilleur mode d'être. Alors peut-être, en se dépouillant de certains de ses traits en mosaïque, ceux qui ne conditionnent pas sa liberté, et en parvenant à une meilleure intégration dans ce domaine essentiel pour lui qu'est la morale, offrira-t-il, à sa manière, une réponse permettant un nouveau pas dans le mouvement incessant de l'évolution.

CONCLUSION

Parvenu au terme de mon argumentation, je voudrais, en quelques paragraphes, en résumer les principaux éléments.

L'espèce humaine, notre espèce, est le fruit d'une longue histoire, cosmique d'abord, puis biologique. Cette longue histoire, dont j'ai tenté de brosser très schématiquement les principaux stades évolutifs connus, aboutit à considérer que la complexité est une nécessité constitutive du monde vivant. Parce que celui-ci est construit sur la chimie du carbone, il va, contrairement au monde physique, vers une complexité croissante, vers des structures de plus en plus organisées. En ce sens, l'évolution du vivant est finalisée par les bases mêmes de sa construction.

Cette évolution fait appel à deux grands processus philosophiques : la juxtaposition et l'intégration. Le premier fait séjourner en parallèle deux ou plusieurs structures d'un niveau de complexité donné. Le second fait apparaître de la diversité et de la complémentarité entre elles pour qu'elles parviennent à constituer une ou des structures d'un niveau de complexité supérieur. Dans la plupart des cas, il demeure cependant, à l'intérieur même des structures de niveau supérieur, une persistance des structures en parallèle du niveau inférieur, un maintien, au moins partiel, de leur non-intégration si bien qu'elles conservent leur autonomie et certains de leurs caractères propres. C'est à ce phénomène, qui fait penser à une mosaïque, où l'ensemble (la mosaïque intégrée) ne peut faire oublier l'existence et les propriétés autonomes de chaque fragment individuel, avec sa forme et sa couleur propre, que j'ai donné le nom de « mosaïcité ». C'est ce phénomène qui me paraît être un des éléments essentiels de l'organisation du vivant en général et de l'homme en particulier et qui constitue l'axe de mon argumentation.

Une large part de cet ouvrage a donc été consacrée à défendre cette thèse. Ainsi, j'ai pu montrer la persistance de traits mosaïques aussi bien chez les êtres vivants en général que chez l'homme en particulier. À une mosaïcité anatomique, que l'on trouve chez tous les êtres vivants, s'ajoute chez l'homme, dont l'une des caractéristiques principales est la possession d'un important cerveau, une mosaïcité au niveau de l'anatomie cérébrale et une mosaïcité au niveau des fonctions cérébrales et de la pensée. J'ai notamment montré comment l'une des fonctions essentielles du cerveau de l'homme, sa mémoire, était une faculté en patchwork, et donc dotée d'une mosaïcité très nette.

Pour des raisons spatiales et conceptuelles, un certain nombre de traits en mosaïque sont construits sur le mode binaire. On trouve cette binarité dans l'anatomie de nombreux animaux et de l'homme ; on la retrouve également dans le cerveau humain, constitué de deux hémisphères ; on la retrouve finalement aussi dans la structure de la pensée, où de nombreux éléments fonctionnent sur le mode de la contradiction ou de l'opposition entre deux entités, processus chers aux dialecticiens.

L'ensemble de cette mosaïcité du vivant aboutit à une variabilité des structures de la vie à leurs différents niveaux. La variabilité, la diversité, sont donc des conséquences nécessaires de la mosaïcité des êtres vivants. En même temps, parce qu'il est construit avec du carbone, tout en respectant les lois de la thermodynamique et de la physique, le vivant gère l'énergie et donc les formes de la matière d'une façon tout à fait originale. Il donne l'illusion d'une indépendance vis-à-vis de l'inerte. Si celle-ci n'est qu'apparente, du fait même de l'application des lois de la physique au monde vivant, elle témoigne cependant d'une autonomie de fonctionnement de la vie qui, elle, est bien réelle. Le principe de juxtaposition-intégration, qui guide l'évolution du vivant, serait en même temps l'outil de cette autonomie, de cette distanciation du vivant d'avec l'inerte. Cette autonomie, voire cette opposition apparente du vivant à l'inerte, qui traverse toute l'évolution de la vie, se retrouve chez l'homme sous un angle particulier, où l'appel au non-rationnel, au rêve, à l'imaginaire, pour s'opposer à la rigueur du monde pourrait être une forme de ce défi du vivant à gérer différemment l'énergie. Nécessairement rationnel et rationaliste dans ses rapports avec le monde physique, l'homme a la faculté de s'évader dans le non-rationnel, voire dans l'absurde, pour construire des êtres abstraits ou virtuels, qui n'obéissent plus aux lois du monde, et même, à l'occasion, les contredisent. Cette activité est particulièrement nette dans le domaine de la création artistique, mais j'ai montré que la création scientifique elle-même pouvait s'y rattacher. En ce sens, l'homme refait, à sa manière et sur un plan culturel, ce que la vie avait esquissé avant lui sur le plan naturel. Ces caractères particuliers de l'espèce humaine, aussi bien sa mosaïcité constitutive, notamment au niveau cérébral et intellectuel, que l'activité créatrice qu'elle est capable de déployer ont sur sa manière d'être des conséquences essentielles.

Si la mosaïcité apparaît tout d'abord comme un retard, un manque dans l'évolution d'un niveau d'organisation du monde vivant, comme une intégration insuffisante ou inachevée, elle offre aussi des aspects beaucoup plus positifs. Par la variété, la diversité qu'elle contient, par la redondance qu'elle exprime entre des unités voisines ou similaires, elle maintient une certaine autonomie des éléments d'un niveau d'organisation par rapport au niveau d'organisation supérieur, plus intégré, ou encore, une autonomie partielle des parties par rapport au tout. En ce qui concerne notre espèce, cette autonomie partielle est à la source d'une caractéristique fondamentale de l'existant humain : sa liberté. C'est parce que les individus qui forment les sociétés humaines restent (partiellement) non intégrés à la structure globale de la société, parce qu'ils conservent leurs spécificités et leurs différences, que la société humaine ne devient pas totalitaire et que les individus peuvent exercer ce qui leur apparaît être une liberté.

On peut sans doute rattacher cette mosaïcité interindividuelle de l'espèce humaine à des traits en mosaïque qui trouvent leur origine dans des structures anatomiques ou conceptuelles d'autres niveaux d'organisation, et notamment, comme l'avait montré Karli, dans l'organisation même du cerveau humain. Ce serait donc, en fin de compte, grâce à un plus grand résidu de mosaïcité dans les mécanismes de leur cerveau et les processus de leur pensée que les individus de l'espèce humaine goûteraient une forme de liberté et que leurs sociétés différeraient nettement des sociétés plus totalitaires d'abeilles ou de fourmis.

Par ailleurs, si l'homme refait, à sa manière et sur un mode culturel, ce que la vie a fait avant lui sur un mode naturel, la distance qu'il cherche à prendre, comme tous les êtres vivants, à l'égard du monde doit être recherchée, non plus tellement dans une gestion particulière des lois de la thermodynamique, mais dans l'exercice de l'imaginaire par le cerveau humain. Cet imaginaire, l'homme peut (et doit) l'appliquer à un domaine essentiel qu'il est la seule espèce (connue) à prospecter par l'exercice de la raison, celui de la morale. À la lumière des considérations sur la place de l'homme dans l'évolution qui ont constitué la plus grande partie de cet ouvrage, j'ai finalement proposé une morale qui, sans pour autant rompre avec les devoirs de l'homme à l'égard de son espèce (et qui sont liés aux droits de l'homme), vise à étendre ses devoirs à l'égard du reste du monde et en particulier de l'animalité (en se référant à des droits de l'animal).

Cette requête morale, qui va dans le sens du respect de la diversité du monde et de l'altérité, paraît tout à fait conforme à l'évolution de l'homme telle qu'elle a été décrite tout au long de ces pages. Elle réduit la mosaïcité de la morale en reliant, dans un édifice unique, une morale à l'égard de l'homme à une morale à l'égard du monde, sans pour autant les confondre, car en même temps, elle maintient le respect de la diversité et de l'altérité qui héritent des aspects positifs de la mosaïcité humaine, telle qu'elle s'exprime dans sa liberté. Ainsi l'homme utiliserait cette autonomie qui est la sienne pour dépasser une des caractéristiques très fréquente de la vie et de la nature : le rejet de l'autre. Il ferait de la défense de l'altérité l'une des valeurs centrales de sa culture.

Ainsi parviendrait-il, peut-être, par ce qui fait sa spécificité même, à un nouveau palier original dans l'évolution dont il est le fils.

BIBLIOGRAPHIE

ABDALLAH-PRETCEILLE, M. (1999). *L'Éducation interculturelle*, Paris, Presses Universitaires de France.

ADAM, M. (1998). *La Morale à contretemps*, Paris, L'Harmattan.

ALEXINSKY, T., et CHAPOUTHIER, G. (1978). « A new behavioral model for studying delayed response in rats », *Behav. Biol.*, 24, 442-456.

ANTOINE, S. (1996). « Le droit de l'animal : évolution et perspectives », *Recueil Dalloz Sirey*, 15, 126-130.

ARNOLD, J. (1999). *Pas de problème*, Paris, La Jointée.

ATLAN, H. (1971). *L'Organisation biologique et la théorie de l'information*, Paris, Hermann.

AUROUX, S. (1990). *Barbarie et philosophie*, Paris, Presses Universitaires de France.

BADDELEY, A. (1992). « Working memory », *Science*, 255, 556-559.

BALLY-CUIF, L. (1995). *Les Gènes du développement*, Paris, Nathan.

BARLOY, J.J. (1984). « La justice est aussi pour eux », *Animaux Magazine*, 125, 21.

BERNARD, C. (1952). *Introduction à l'étude de la médecine expérimentale*, Paris, Flammarion.

BITTERMAN, M.E. (1965). « Phyletic differences in learning », *Amer. Psychologist*, 20, 396-410.

BLANDIN, P., et BERGANDI, D. (2000). « À l'aube d'une nouvelle écologie », *La Recherche*, 332, 56-59.

BLANDIN, P., et CHAPOUTHIER, G. (1970). « Sur certains problèmes posés par les concepts de structure et d'information en biologie », *Rev. Questions scientifiques*, 141, 53-72.

BOAL, J.G. (1996). « A review of simultaneous visual discrimination as a method of training octopuses », *Biol. Rev. Cambridge phil. Soc.*, 71, 157-190.

BOLK, L. (1960). *Le Genèse de l'homme*, Paris, Arguments.

BOULANGER, P. (1998). *Les Mille et Une Nuits de la science*, Paris, Belin.

BOURG, D. (1996). *L'Homme-Artifice (Le sens de la technique)*, Paris, Gallimard.

BOUVERESSE, J. (1970). « Le fantôme dans la machine », *Critique*, 283, 983-1007.

BOWSHER, D. (1980). *Introduction à l'anatomie et à la physiologie du système nerveux*, Paris, Medsi.

BRICMONT, J. (1995). « Science of chaos or chaos in science ? » *Physicalia Mag.*, 17, 159-208.

BRILLOUIN, L. (1959). *La Science et la théorie de l'information*, Paris, Masson.

BURGAT, F. (1997). *Animal, mon prochain*, Paris, Odile Jacob.

BURGAT, F. (1999). « La question animale », *Critique*, 629, 800-813.

BUSER, P. (1998). *Cerveau de soi, cerveau de l'autre*, Paris, Odile Jacob.

BYRNE, J.H., ZWARTJES, R., HOMAYOUNI, R., CRITZ, S.D., et ESKIN, A. (1993). « Roles of second messenger pathways in neuronal plasticity and in learning and memory. Insights gained from Aplysia », *Adv. second Messenger Phosphoprot. Res.*, 27, 47-108.

CALLICOTT, J.B. (1989). « Elements of an environmental ethics : moral considerability and the biotic community », *Defense of Land Ethic, essays in environmental philosophy*, Albany, State University of New York Press.

CANGUILHEM, G. (1967). *La Connaissance de la vie*, Paris, Vrin.

CANGUILHEM, G. (1984). *Le Normal et le Pathologique*, Paris, Presses Universitaires de France.

CARTER, B. (1974). « Large number coincidences and the

anthropic principle in cosmology », *in* D. a. R. Longair (éd.), *Confrontation of cosmological theories with observational data* (p. 291-298) : International Astronomical Union.

CAVALIERI, P., et SINGER, P. (1993). *The great ape project : equality beyond humanity*, New York, St Martin's Press.

CHANDEBOIS, R. (1989). *Le Gène et la forme ou la démythification de l'ADN*, Montpellier, Espaces 34.

CHANDEBOIS, R. (1992). *Pour en finir avec le darwinisme ; une nouvelle logique du vivant*, Montpellier, Espaces 34.

CHANGEUX, J.-P. (1983). *L'Homme neuronal*, Paris, Fayard.

CHAPOUTHIER, G. (1977). « L'homme entre la nature et l'artifice : une lecture de Franck Tinland », *Rev. Questions scientifiques*, 148, 457-464.

CHAPOUTHIER, G. (1978a). « Information, Structure et Dialectique chez les êtres vivants », *La Pensée*, 200, 70-85.

CHAPOUTHIER, G. (1978b). « L'ordinateur et le vivant », *Cahiers rationalistes*, 341, 200-212.

CHAPOUTHIER, G. (1979). « L'ordinateur et le vivant. II. Propriétés communes et caractères spécifiques », *Cahiers rationalistes*, 347, 113-130.

CHAPOUTHIER, G. (1990). *Au bon vouloir de l'homme, l'animal*, Paris, Denoël.

CHAPOUTHIER, G. (1992). *Les Droits de l'animal*, Paris, Presses Universitaires de France.

CHAPOUTHIER, G. (1994). *La Biologie de la mémoire*, Paris, Presses Universitaires de France.

CHAPOUTHIER, G., LEGRAIN, D., et SPITZ, S. (1968). « La planaire en tant qu'animal de laboratoire dans les recherches psychophysiologiques », *Exp. anim.*, 1, 169-280.

CHAPOUTHIER, G., et MATRAS, J.-J. (1982). *Introduction au fonctionnement du système nerveux*, Paris, Medsi.

CHAPOUTHIER, G., et NOUËT, J.-C. (1997). *Les Droits de l'animal aujourd'hui*, Paris, Arléa-Corlet-Ligue française des droits de l'animal.

CHAPOUTHIER, G., et NOUËT, J.-C. (1998). *The universal declaration of animal rights, comments and intentions*, Paris, Ligue française des droits de l'animal.

CHARDIN, P. (1998). *Musil et la littérature européenne*, Paris, Presses Universitaires de France.

CHAUVIN, B. e. R. (1996). *Le Monde des oiseaux*, Paris, Rocher.

CHRISTEN, Y. (2000). *Le peuple léopard*, Paris, Michalon.

CLAIR, A. (2000). *Droit, communauté et humanité*, Paris, Cerf.

COHEN, C. (1998). *L'homme des origines – savoirs et fictions en préhistoire*, Paris, Seuil.

COLLIN, C., et ALKON, D.L. (1992). « Neural correlates of memory storage. The role of ion channels », *Ion Channels*, 3, 159-175.

COPHIGNON, J. (1999). *Le jouet, l'enfant et l'animal*, Paris, Ligue française des droits de l'animal.

COPPENS, Y. (1999). *Le Genou de Lucy*, Paris, Odile Jacob.

COURTILLOT, V. (1995). *La Vie en catastrophes*, Paris, Fayard.

DAGOGNET, F. (1982). *Faces, surfaces, interfaces*, Paris, Vrin.

DAGOGNET, F. (1988). *Le Vivant*, Paris, Bordas.

DANCHIN, A. (1979). *Ordre et dynamique du vivant*, Paris, Seuil.

DE WAAL, F. (1992). *La réconciliation chez les primates*, Paris, Flammarion.

DE WAAL, F. (1997). *Le bon singe ; les bases naturelles de la morale*, Paris, Bayard.

DEBRU, C. (1998). *Philosophie de l'inconnu : le vivant et la recherche*, Paris, Presses Universitaires de France.

DELACOUR, J. (1994). *Biologie de la conscience*, Paris, Presses Universitaires de France.

DELACOUR, J. (1995). *Le Cerveau et l'esprit*, Paris, Presses Universitaires de France.

DELSOL, M., et FLATIN, J. (1995). « L'espèce humaine existe-t-elle en tant qu'entité ? », *Éthique, la vie en question*, 18, 28-40.

DENNETT, D.C. (2000). *Darwin est-il dangereux ?* Paris, Odile Jacob.

DIXMIER, J. (1993). *L'Aurore des dieux*, Paris, Aléas.

DOLTO, F. (1998). *Parler de la mort*, Paris, Mercure de France.

Dossier (2000). « La valse des espèces », *Pour la Science*.

DUPONT, J. (1999). *Histoire de la neurotransmission*, Paris, Presses Universitaires de France.

ENGELS, F. (1955). *Dialectique de la nature*, Paris, Éditions Sociales.

FAGOT-LARGEAULT, A. (1985). *L'homme bioéthique ; pour une déontologie de la recherche sur le vivant*, Paris, Maloine.

FARRACHI, A. (1999). *Les ennemis de la terre ; réponses sur la violence faite à la nature et à la liberté*, Paris, Exils Éditions.

FERRY, L., et VINCENT, J.-D. (2000). *Qu'est-ce que l'homme ? Sur les fondamentaux de la biologie et de la philosophie*, Paris, Odile Jacob.

FONTENAY DE, E. (1998). *Le silence des bêtes – La philosophie à l'épreuve de l'animalité*, Paris, Fayard.

GIBBARD, A. (1996). *Sagesse des choix, justesse des sentiments (une théorie du jugement normatif)*, Paris, Presses Universitaires de France.

GOFFI, J.-Y. (1994). *Le philosophe et ses animaux ; du statut éthique de l'animal*, Nîmes, Jacqueline Chambon.

GOHAU, G. (1987). « Pour une morale non "fondée" », *Les Cahiers rationalistes*, 422, 183-194.

GOMEZ-MULLER, A. (1999). *Éthique, coexistence et sens*, Paris, Desclée de Brouwer.

GOULD, S.J. (1997). *La Mal-Mesure de l'homme*, Paris, Odile Jacob.

GREENSPAN, R.J. (1995). « Flies, genes, learning and memory », *Neuron*, 15, 747-750.

HALLÉ, F. (1999). *Éloge de la plante. Pour une nouvelle biologie*, Paris, Seuil.

HAWKINS, R.D., KANDEL, E.R., et SIEGELBAUM, S.A. (1993). « Learning to modulate transmitter release : themes and variations in synaptic plasticity », *Ann. Rev. Neurosci.*, 16, 625-665.

HIRSCH, H.V., et TOMKINS, L. (1994). « The flexible fly : experience-dependent development of complex behaviors in Drosophila melanogaster », *J. exp. Biol.*, 195, 1-18.

HOTTOIS, G. (1996). *Entre symboles et technosciences, un itinéraire philosophique*, Seyssel, Champ Vallon.

HOUELLEBECQ, M. (1998). *Les Particules élémentaires*, Paris, Flammarion.

JACOB, F. (1971). *La logique du vivant. Une histoire de l'hérédité*, Paris, Gallimard.

JACOB, F. (1991). *Le jeu des possibles. Essai sur la diversité du vivant*, Paris, Le Livre de poche.

JAISSON, P. (1993). *La fourmi et le sociobiologiste*, Paris, Odile Jacob.

JOUVET, M. (1992). *Le Sommeil et le Rêve*, Paris, Odile Jacob.

KARLI, P. (1995). *Le Cerveau et la Liberté*, Paris, Odile Jacob.

KATZ, L. D. (2000). *Evolutionary origins of morality ; cross-disciplinary perspectives* (p. 352), Thoverton (Grande-Bretagne), Imprint Academic.

LAMY, M. (1999). *La Biosphère, la biodiversité et l'homme*, Paris, Ellipses.

LANGANEY, A. (1991). *Le Sauvage central*, Paris, Raymond Chabaud.

LANGANEY, A. (1999). *La Philosophie... biologique*, Paris, Belin-Pour la Science.

LARMAT, J. (1980). « Comportement humain et comportement animal », *Cahiers rationalistes*, 362.

LARRÈRE, C. (1997). *Les Philosophies de l'environnement*, Paris, Presses Universitaires de France.

LECONTE, P., et BLOCH, V. (1970). « Déficit de la rétention d'un conditionnement après privation de sommeil paradoxal chez le rat », *C.R. Acad. Sci. Paris (D)*, 271, 226-229.

LECONTE, P., et HENNEVIN, E. (1971). « Augmention de la durée de sommeil paradoxal consécutive à un apprentissage chez le rat », *C.R. Acad. Sci. Paris (D)*, 273, 86-88.

LEHRER, M. (1994). « Spatial vision in honeybees : the use of different cues in different tasks », *Vision Res.*, 34, 2363-2385.

LEOPOLD, A. (1995). *Almanach d'un comté des sables*, Paris, Aubier.

LEPLEY, W., et RICE, G.E. (1952). « Behavior variability in Paramecia as a function of guided act sequences », *J. comp. physiol. Psychol.*, 45, 283-286.

LESTEL, D. (1996). *L'Animalité, essai sur le statut de l'humain*, Paris, Hatier.

LEWONTIN, R.C., ROSE, S., et KAMIN, J. (1985). *Nous ne sommes pas programmés*, Paris, La Découverte.

LUMLEY DE, H. (1998). *L'homme premier – préhistoire, évolution, culture*, Paris, Odile Jacob.

MATRAS, J.-J., et CHAPOUTHIER, G. (1981). *L'Inné et l'acquis des structures biologiques*, Paris, Presses Universitaires de France.

MATRAS, J.-J., et CHAPOUTHIER, G. (1984). « La néguentropie : un artefact », *Fundamenta Scientiae*, 5, 141-151.

MATRAS, J.-J., et CHAPOUTHIER, G. (1986). « À propos de l'article de G. Rossis », *Fundamenta Scientiae*, 7, 131-137.

MÉDIONI, J., et ROBERT, M.C. (1969). « L'apprentissage chez les invertébrés, I – Données psychologiques », *Année psychologique*, 69, 161-268.

MISRAHI, R. (1997). *Qu'est-ce que l'éthique ?* Paris, Armand Colin.

MONOD, J. (1970). *Le Hasard et la Nécessité*, Paris, Seuil.

MORRIS, D. (1967). *Le Singe nu*, Paris, Grasset.

OGIEN, R. (1999). *Le Réalisme moral*, Paris, Presses Universitaires de France.

OHNO, S. (1980). « L'évolution des gènes », *La Recherche*, 107, 4-14.

PALLAUD, B. (1995). « Le langage : une rupture entre l'être humain et l'animal », *Éthique*, 18, 65-82.

PARIZEAU, M.-H. (1997a). « Biodiversité et représentation du monde : enjeux éthiques », *in* M.-H. Parizeau (éd.), *La biodiversité – Tout conserver ou tout exploiter ?* Bruxelles, De Boeck Université (p. 115-136).

PARIZEAU, M.-H. (1997b). *La biodiversité – Tout conserver ou tout exploiter ?* Bruxelles, De Boeck Université.

PEPPERBERG, I. (1998). « Conversation avec un perroquet », *Pour la Science*, 254, 60-65.

PESSIS-PASTERNAK, G. (1999). *La Science : dieu ou diable ?* Paris, Odile Jacob.

PIAGET, J. (1979). *Le Structuralisme*, Paris, Presses Universitaires de France.

POTVIN, C. (1997). « La biodiversité pour le biologiste : "protéger" ou "conserver" la nature », *in* M.-H. Parizeau (éd.), *La biodiversité – Tout conserver ou tout exploiter ?* Bruxelles, De Boeck Université (p. 37-46).

PREMACK, D. (1999). *Le Cerveau et la Pensée*, Paris, Éditions Sciences humaines.

PRIGOGINE, I. (1967). *Introduction à la thermodynamique des systèmes irréversibles*, Paris, Dunod.

PROCHIANTZ, A. (1993). *La Construction du cerveau*, Paris, Hachette.

REEVES, H. (1981). *Patience dans l'azur. L'évolution cosmique*, Paris, Seuil.

REGAN, T. (1983). *The case for animal rights*, Londres, Routledge and Kegan Paul.

ROLSTON, H.I. (1975). « Is there an Ecological Ethic ? », *Ethic*, 85, 93-109.

ROSNAY DE, J. (1966). *Les Origines de la vie*, Paris, Seuil.

ROZENBERG, J. (1999). *La Bioéthique corps et âme*, Paris, L'Harmattan.

SAHLEY, C.L. (1995). « What we have learned from the study of learning in the leech », *J. Neurobiol.*, 27, 434-445.

SCHACTER, D.L., et TULVING, E. (1996). *Systèmes de mémoire chez l'animal et chez l'homme*, France, Solal (p. 384).

SCHOFFENIELS, E. (1973). *L'Anti-Hasard*, Paris, Gauthier-Villars.

SCHOPENHAUER, A. (1907). *Parerga et paralipomena*, Paris, Félix Alcan.

SCHOPENHAUER, A. (1909). *Parerga et paralipomena, Éthique, droit et politique, 1- Éthique*, Paris, Félix Alcan.

SIMAK, C.D. (1990). *Demain les chiens*, Paris, J'ai lu.

SINGER, P. (1977). *Animal liberation*, New York, Avon Books Publisher.

SKELTON, P. (1993). *Evolution, a biological and palaeontological approach* (p. 1064). Harlow (Grande-Bretagne), Addison-Wesley (in association with The Open University).

SPAEMANN, R. (1999). *Notions fondamentales de morale*, Paris, Flammarion.

SQUIRE, L.R. (1992). « Memory and the hippocampus : a synthesis from findings with rats, monkeys and humans », *Psychol. Rev.*, 99, 195-231.

TALIN, C. (2000). *Anthropologie de l'animal de compagnie*, Paris, L'Atelier de l'archer.

TINLAND, F. (1977). *La différence anthropologique ; essai sur les rapports de la nature et de l'artifice*, Paris, Aubier-Montaigne.

TONNELAT, J. (1977-78). *Thermodynamique et biologie*, t. I et II, Paris, Maloine.

TONNELAT, J. (1995). « L'ordre issu du hasard », *C.R. Soc. Biol.*, 189, 215-237.

TUGENDHAT, E. (1998). *Conférences sur l'éthique*, Paris, Presses Universitaires de France.

VALÉRY, P. (1931). *Les Divers Essais sur Léonard de Vinci*, Paris, Sagittaire.

VARELA, F.J. (1989). *Autonomie et connaissance ; essai sur le vivant*, Paris, Seuil.

VAUCLAIR, J. (1992). *L'Intelligence de l'animal*, Paris, Seuil.

VAUCLAIR, J. (1996). *La Cognition animale*, Paris, Presses Universitaires de France.

VEUILLE, M. (1986). *La Sociobiologie*, Paris, Presses Universitaires de France.

VINCENT, J.-D. (1986). *Biologie des passions*, Paris, Seuil.

WITEN, A., et BYRNE, R.V. (1997). *Machiavelian intelligence.* Cambridge, Cambridge University Press.

WOLF, J.C. (1992). *Tierethik – Neue Perspektiven für Menschen und Tiere*, Friburg (Suisse), Paulusverlag.

WOLF, J.C., et SCHABER, P. (1998). *Analytische Moralphilosophie*, Fribourg (Suisse) et Munich (Allemagne), Verlag Karl Alber.

ZAKHAROV, I.S. (1994). « Avoidance behavior in the snail », *Neurosci. behav. Physiol.*, 24, 63-69.

INDEX THÉMATIQUE

TABLE

DU MÊME AUTEUR

G. Chapouthier, M. Kreutzer, C. Menini, *Psychophysiologie – Le système nerveux et le comportement*, Paris, Études vivantes, 1980, 192 pages (épuisé).

J.J. Matras, G. Chapouthier, *L'inné et l'acquis des structures biologiques*, Paris, Presses Universitaires de France, collection « Le Biologiste », 1981, 243 pages (épuisé).

G. Chapouthier, J.-J. Matras, *Introduction au fonctionnement du système nerveux (codage et traitement de l'information)*, Paris, Medsi, 1982, 224 pages (épuisé).

G. Chapouthier, *Mémoire et Cerveau – Biologie de l'apprentissage*, Monaco, Éditions du Rocher, collection « Science et Découvertes », 1988, 126 pages (épuisé).

G. Chapouthier, *Au bon vouloir de l'homme, l'animal*, Paris, Denoël, 1990, 260 pages.

G. Chapouthier, *Les droits de l'animal*, Paris, Presses Universitaires de France, collections « Que sais-je ? », 1992, 125 pages (épuisé).

G. Chapouthier, *La Biologie de la mémoire*, Paris, Presses Universitaires de France, collections « Que sais-je ? », 1994, 125 pages (épuisé).

G. Chapouthier, J.-C. Nouët (sous la direction de), *Les Droits de l'animal aujourd'hui*, Paris, Arléa-Corlet et Ligue française des droits de l'animal, collection « Panoramiques », 1997, 244 pages.

G. Chapouthier, J.-C. Nouët (editors), *The universal declaration of animal rights, comments and intentions*, Paris, Ligue française des droits de l'animal, 1998, 96 pages.

Imprimé par Lightning Source France
1 avenue Gutenberg
78310 Maurepas

N° d'édition : 7381-0977-Y